鸡解剖实用技术指南
Practical Anatomy Atlas of Chicks

李昌武　郭双双　等编著

U0219567

中国农业大学出版社
·北京·

内 容 简 介

本书是一部鸡解剖全真彩色图谱，为从事畜牧兽医类专业的科技工作者、大学生、养殖管理人员、兽医、饲料配方人员以及技术服务人员提供一定的理论与实践指导，为更好地帮助读者了解鸡的解剖生理特点奠定基础。

本书包含鸡的解剖图谱与剖检术势、被皮系统、骨骼、肌肉、消化系统、呼吸系统、泌尿生殖系统、心血管系统、神经系统、淋巴系统和感觉器官十一章，通过彩图全面、细致地展示了鸡的实用剖检方法以及机体各器官的正常形态、相对位置、色泽等基本特征。本书适用性广，实用性强。

图书在版编目（CIP）数据

鸡解剖实用技术指南/李昌武，郭双双等编著. —北京：中国农业大学出版社，2017.12

ISBN 978-7-5655-1879-9

Ⅰ. ①鸡… Ⅱ.①李… ②郭… Ⅲ.①鸡–动物解剖学–指南 Ⅳ.①S831.1–62

中国版本图书馆CIP数据核字（2017）第180685号

书　　名	鸡解剖实用技术指南
作　　者	李昌武　郭双双　等编著

策划编辑	梁爱荣	责任编辑	梁爱荣
封面设计	郑　川		
出版发行	中国农业大学出版社		
社　　址	北京市海淀区圆明园西路2号	邮政编码	100193
电　　话	发行部 010-62818525，8625	读者服务部	010-62732336
	编辑部 010-62732617，2618	出版部	010-62733440
网　　址	http://www.cau.edu.cn/caup	**E-mail**	cbsszs@cau.edu.cn
经　　销	新华书店		
印　　刷	北京鑫丰华彩印有限公司		
版　　次	2017年12月第1版	2017年12月第1次印刷	
规　　格	787×1092　16开本　13印张　240千字		
定　　价	109.00元		

图书如有质量问题本社发行部负责调换

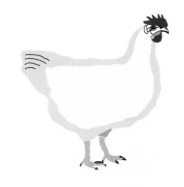

编　著　者

李昌武	新希望六和股份有限公司
郭双双	武汉轻工大学
肖　峰	新希望六和股份有限公司
王继善	新希望六和股份有限公司
史瑞国	新希望六和股份有限公司

新希望六和股份有限公司简介

　　新希望六和股份有限公司（股票代码000876）创立于1998年并于1998年3月11日在深圳证券交易所上市。公司立足农牧产业、注重稳健发展，业务涉及饲料、养殖、肉制品及金融投资、商贸等，公司业务遍布中国及越南、菲律宾、孟加拉国、印度尼西亚、柬埔寨、斯里兰卡、新加坡、埃及、美国等20多个国家。

　　2011年9月公司农牧资产重组获中国证监会批准，公司的饲料年生产能力达2000万吨，年家禽屠宰能力达10亿只。2016年，公司实现销售收入608亿元，控股的分、子公司500余家，员工达6万人。在2016年《财富》杂志评选的中国企业500强中位列第95位，是GFSI董事会董事及GFSI中国理事会联席副主席单位。

　　公司获农业产业化国家重点龙头企业、全国食品放心企业、2015综合实力最具价值品牌企业、最佳内部治理上市公司、2015食品安全管理创新20佳、中国肉类食品安全信用体系建设示范项目企业等荣誉称号，拥有8个中国名牌，4个中国驰名商标。肉食品类的"美好"牌火腿肠被评为中国名牌。饲料类"六和"牌禽饲料、猪饲料，"国雄"牌猪饲料、水产饲料均是中国名牌。"美好""六和""国雄"等均为中国驰名商标。

　　企业技术中心获得"国家认定企业技术中心"称号，2个检测中心均通过国家实验室CNAS认可。60多项技术成果获得省级以上奖励，其中3项创新技术获国家科学技术进步二等奖。目前公司通过了"ISO 9001质量管理认证""ISO 22000食品安全认证""ISO 14001环境认证""GAP良好农业规范认证""18001职业健康安全认证"等。

　　公司将以"打造世界级农牧食品企业和美好公司"为愿景，以"为耕者谋利、为食者造福"为使命，以"新、和、实、谦"为核心价值观，着重发挥农业产业化重点龙头企业的辐射带动效应，整合全球资源，打造安全健康的大食品产业链，为帮助农民增收致富，为满足消费者对安全肉食品的需求，为促进社会文明进步，不断做出更大贡献。

序 一

　　在自媒体信息技术高度发达并继续发展的时代，各种资讯在指尖瞬时可得，但唯有纸质的文字具有准确性和可考证性；在出版业高度发达且写作和出版高度自由的时代，各种书籍尤其科技书籍令人目不暇接，但唯有图册简明易懂，尤其是实拍照片最具真实性和说服力。

　　本书图解了鸡的主要组织器官系统以及剖解技术方法，包括鸡的解剖图谱与剖检术势、被皮系统、骨骼、肌肉、消化系统、呼吸系统、泌尿生殖系统、心血管系统、神经系统、淋巴系统和感觉器官等十一章，全书内容系统性强；其中630张彩图为本书编著者在养鸡生产实践中实拍的照片，原创性和真实性强，照片质优珍贵、图解明晰易懂，全书具有很强的科普性和实用性。本书适用于在鸡产业领域从事教学、科研、技术服务等各类人员。

　　养好鸡和用好鸡的前提是了解鸡。作为普通人，有必要了解鸡的自然属性，了解鸡与人类的关系，了解养鸡文化与人类文明的关系，了解养鸡业产品与人类健康的关系；作为动物科技专业人士，有必要了解鸡的行为特点与福利要求、了解器官组织结构与功能特点、了解鸡器官组织结构功能与鸡产品产量和品质的关系。凡此种种，无论是欣赏、科研，还是养殖生产，鸡的解剖学知识都是必需的。

　　图片拍摄和图谱编辑工作量大、专业性强，编著者付出了极大的努力，成绩卓著。当然，没有最好，只有更好。读者在使用过程中的批评和建议对编著者都应是一种鼓励和帮助，更完美的再版也才有可能。

呙于明

中国农业大学

2017年仲秋于北京

序　二

　　本书由新希望养禽大学主教练李昌武博士等编著，凝聚了养禽大学专家教练团队的心血和教学精华。既借鉴了国内外养殖的先进理念，又融合了新希望六和的实用技术，是一本集系统性、专业性于一身的鸡养殖教科书。

　　新希望六和一直致力于引领农牧养殖行业真正走向国际、走向千家万户，这样一个梦想需要一支专业化的技术服务专家团队和优秀的产业工人团队。要打造这样的团队，需要我们在基础知识、专业技能、专业技术等方面做长期系统的投入与发展。2015年年初，新希望六和开始筹建养禽大学，并首选养禽产业最发达的山东昌邑市建立现代化养殖培训基地。养禽大学对公司内，有建立成熟、可快速复制的家禽技术培训模式，输送标准化技术工人，为企业一体化和食品安全生产提供家禽技术保障的重任；对行业，肩负着引导行业家禽技术标准，通过向行业输送合格的产业技术工人，改善规模场养殖生产效率，服务终端用户，助力禽业标准化、现代化转型的使命。本书的编写出版，恰逢我国禽产业转型升级的关键时期，针对种鸡、蛋鸡和肉鸡相关禽产业基层从业人员在基本的解剖器官识别、解剖生理特征以及正确的剖检方法等方面存在的诸多问题，通过图文并茂的方式介绍了鸡的解剖生理特点。全书包括鸡的解剖图谱与剖检术势、被皮系统、骨骼、肌肉、消化系统、呼吸系统、泌尿生殖系统、心血管系统、神经系统、淋巴系统和感觉器官共十一章。本书浅显易懂，操作性、实用性较强，适用范围广，可使基层的技术服务人员、鸡场管理人员、配方师以及禽产业相关从业人员轻松了解鸡的消化系统和呼吸系统等器官的生理特点，也适用于在校大学生和科研人员。

　　近年来，市面上关于鸡的解剖书籍很多，但大多以文字叙述和模式图的形式呈现。养殖一线的经营者和技术服务人员有时很难消化书中繁杂的理论和专业知识。本书具有鲜明的特点，一是创作人员都是在生产一线的实战专家；二是立意新颖，以图解的方式解读鸡的解剖生理特点；三是突出原创，大多数图片源自生产一线且照片质量较高。禽养殖本身就是一项专业性较强、技术管理体系复杂、从业人员较多的产业，因此，一本简单、实用、直观、可操作、接地气的科普书籍很重要，《鸡解剖实用技术指南》做到了。

张秀美

山东省农业科学院畜牧兽医研究所所长

新希望六和股份有限公司首席科学家

2017 年 6 月 9 日

前　言

　　随着中国肉鸡和蛋鸡产业的规模化、标准化发展，中国的鸡存栏量早已位居世界第一，但随之而来的食品安全、养殖管理等问题凸显，大量的从业人员已经意识到要从鸡的生理特征去思考营养、饲料加工、鸡场设计等问题。尽管近年来禽相关的专业养殖合作社、养殖服务公司、养殖咨询公司、禽产业培训机构等大量出现，但基本的解剖取样与器官识别缺乏标准化操作，同时，基层养殖人员和技术服务人员缺乏系统的培训，对鸡的了解也远远不够，因此一本关于鸡的解剖书籍至关重要。

　　本书的图片素材主要是以不同发育阶段的鸡进行解剖，并用数码相机拍摄真实器官照片取得的。本书大量翔实的高质量彩图丰富了读者对鸡的了解，也为科研人员和技术服务人员正确解剖和采样提供了参考，同时为生产一线的畜牧兽医工作者及时科学地反馈鸡病理材料和描述样品奠定了基础。

　　在本书撰写过程中，李昌武负责全书的统稿工作，史瑞国和肖峰编写第一和第九章，郭双双编写第二、三、四章，王继善编写第七章，李昌武编写第五、六、八章。

　　本书编写过程中，山东益客集团总裁助理王振为数码相机的拍照方法提供了技术支撑，新希望六和股份有限公司曹宏博士、许毅博士、王建军博士、吴海洋博士、刁秀国、刘德徽、樊兴国、孙泉、鞠小军、郑荷花、赵万岩等在一线养殖和剖检示范方面给予了大力的支持和指导，武汉轻工大学易丹副教授等对本书的修正、审核做了大量工作，中国农业大学动物科学技术学院呙于明教授、陈耀星教授、杨鹰副教授以及新希望六和股份有限公司首席科学家张秀美老师，新希望六和动保中心秦立廷博士、刁秀国、李志中对本书提出了大量宝贵建议，在此一并表示诚挚的感谢！

　　此外，本书的顺利出版得到了新希望六和股份有限公司的场地、人员和技术和资金支持，亦深表感谢！

　　图谱编著是一项工作量较大且烦琐的工作，尽管编著者们付出了极大的努力，但由于知识能力有限，书中有可能出现失误或不妥之处，恳请广大读者批评指正！

编著者

2017 年 6 月

目 录

第一章 鸡的解剖图谱与剖检术势

一、鸡的解剖图谱

图 1-1 鸡的骨骼系统

12.头骨；13.颈椎骨；14.胸椎骨；15.腰荐椎；16.尾臀骨；17.尾综骨；18.骨盆；19.肋骨；20.胸骨；21.指骨；22.掌骨；23.尺骨；24.桡骨；25.肱骨；26.乌喙骨；27.锁骨；28.股骨；29.胫骨；30.距骨；31.指骨

［来源：The Poultry CRC's, http://poultryhub.org/AnatomyoftheChicken/］

图 1-2 鸡的左侧面观（内部）

38.鼻腔；39.气管；40.左肺；41.腋窝气囊；42.前胸气囊；43.腹气囊；44.心脏；55.嗉囊；62.大肠；63.泄殖腔

［来源：The Poultry CRC's, http://poultryhub.org/AnatomyoftheChicken/］

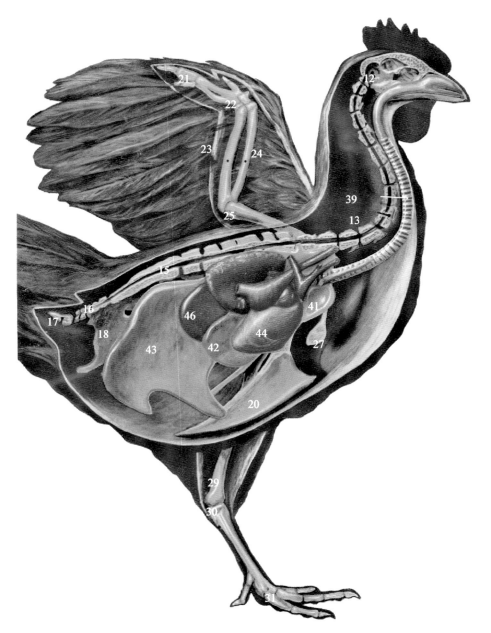

图 1-3 鸡的右侧面观（内部）

12.头骨；13.颈椎骨；15.腰骶骨；16.尾臀骨；17.尾综骨；18.骨盆；20.胸骨；21.指骨；22.掌骨；23.尺骨；24.桡骨；25.肱骨；27.锁骨；29.胫骨；30.跖骨；31.指骨；39.气管；41.腋窝气囊；42.前胸气囊；43.腹气囊；44.心脏；46.后胸气囊

[来源：The Poultry CRC's, http://poultryhub.org/AnatomyoftheChicken/]

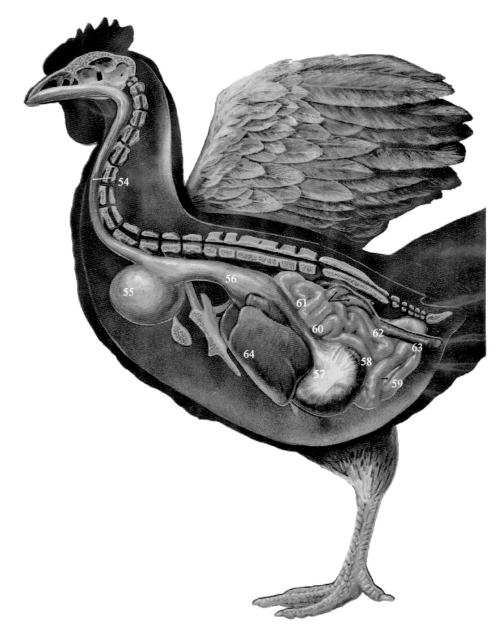

图 1-4　鸡的肠胃系统（左半边）

54.食管；55.嗉囊；56.腺胃；57.肌胃；58.十二指肠；59.胰腺；60.小肠；61.盲肠；62.大肠；63.泄殖腔；64.肝脏

［来源：The Poultry CRC's, http://poultryhub.org/AnatomyoftheChicken/］

图 1-5　鸡的右侧面观（内部）

12.头骨；13.颈椎骨；15.腰骶骨；16.尾臀骨；17.尾综骨；20.胸骨；21.指骨；22.掌骨；23.尺骨；24.桡骨；25.肱骨；27.锁骨；29.胫骨；30.距骨；31.指骨；39.气管；40.左肺；41.腋窝气囊；54.食管；55.嗉囊；56.腺胃；58.十二指肠；60.小肠；61.盲肠

［来源：The Poultry CRC's，http://poultryhub.org/AnatomyoftheChicken/］

图1-6　泌尿生殖系统

67.输卵管；68.卵巢；69.卵子；70.漏斗部；75.肾脏
［来源：The Poultry CRC's, http://poultryhub.org/AnatomyoftheChicken/］

图 1-7　肌肉组织

29.胫骨；30.跗骨；31.指骨；76.颈部肌肉；77.翅膀肌肉；78.肩部肌肉；79.后肢肌肉
[来源：The Poultry CRC's, http://poultryhub.org/AnatomyoftheChicken/]

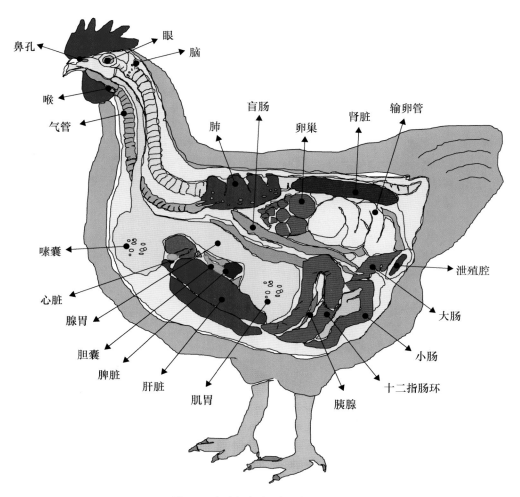

图 1-8　肉鸡的内脏器官分布模式图

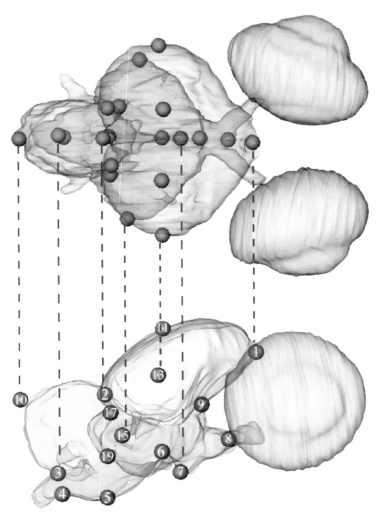

图 1-9　大脑背部和右侧面三维图谱

1.端脑中前尖部；2.端脑和小脑的中部连接；3.枕骨大孔中部背侧点；4.枕骨大孔中部腹侧点；5.中脑和脑脊髓的中部连接；6.脑垂体和中脑的中部连接；7.脑垂体的中部腹侧点；8.两对视神经交叉的中部点；9.端脑和中脑的中部连接；10.标记2和3到小脑外侧缘背侧的垂线的中间；11,12.图1和2到端脑外侧缘背侧的垂直线的中间点(左侧、右侧)；13,14.端脑最宽部分的大部分外侧点(左侧、右侧)；15,16.绒球最宽部分的大部分外侧侧点(左侧、右侧)；17,18.端脑、小脑和视叶的交叉(左侧、右侧)；19,20.小脑、脑脊髓和视叶的交叉(左侧、右侧)

[来源：Kawabe S, Matsuda S, Tsunekawa N, Endo H (2015) Ontogenetic Shape Change in the Chicken Brain: Implications for Paleontology. Plos One 10(6): e0129939. https://doi.org/10.1371/journal.pone.0129939

http://journals.plos.org/plosone/article?id=10.1371/journal.pone.0129939]

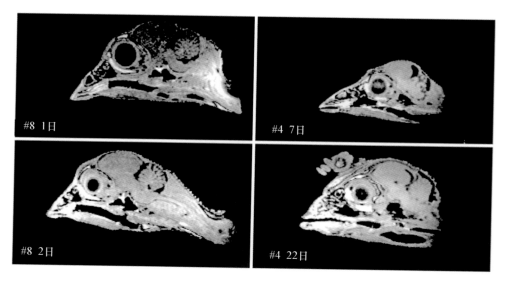

图 1-10 鸡大脑发育图

[来源：Kawabe, S., et al(2015). "Ontogenetic Shape Change in the Chicken Brain: Implications for Paleontology." PLos One 10(6)：e0129939]

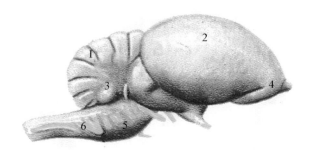

图 1-11 脑

1.小脑；2.大脑；3.视叶；4.嗅叶；5.延髓；6.脑神经（黄色部分）

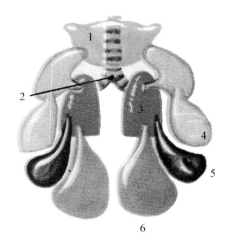

图 1-12　气囊腹侧

1.腋下气囊；2.鸣管；3.左肺；4.前胸气囊；5.后胸气囊；6.腹气囊

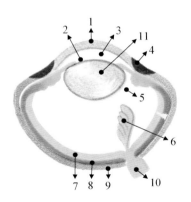

图 1-13　眼睛

1.角膜；2.虹膜；3.前房；4.巩膜环；5.后房；6.梳膜；
7.视网膜；8.脉络膜；9.巩膜；10.视神经；11.晶状体
［来源：The Poultry CRC's, http://poultryhub.org/AnatomyoftheChicken/］

1.左前腔静脉；2.左心房；3.左心室；4.右心室；5.右心房；6.主动脉；7.肺动脉

图1-14 心脏和大血管

［来源：The Poultry CRC's，http://poultryhub.org/AnatomyoftheChicken/］

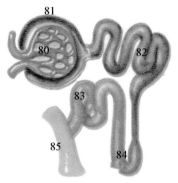

80.肾小球；81.肾小囊；82.近曲小管；83.远曲小管；84.髓袢；85.集合管

图1-15 肾单位

［来源：The Poultry CRC's，http://poultryhub.org/AnatomyoftheChicken/］

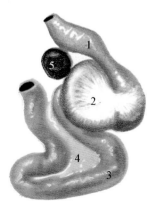

1.腺胃；2.肌胃；3.十二指肠；4.胰腺；5.脾脏

图1-16 肌胃结构图

［来源：The Poultry CRC's，http://poultryhub.org/AnatomyoftheChicken/］

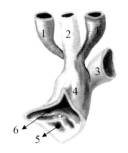

1.盲肠；2.小肠；
3.输卵管；4.泄殖腔；
5.法氏囊；6.子宫

图 1-17　泄殖腔解剖图

［来源：The Poultry CRC's，http://poultryhub.org/AnatomyoftheChicken/］

1.卵巢；2.伞部 / 漏斗部；3.膨大部；4.峡部；5.子宫部；6.阴道部；7.泄殖腔；8.小肠

图 1-18　输卵管

［来源：The Poultry CRC's，http://poultryhub.org/AnatomyoftheChicken/］

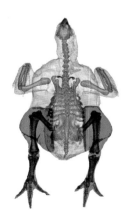

图 1-19　成熟肉鸡骨骼结构图（背侧）注：黄色代表躯干骨；紫色代表后肢

［来源：Vivian Allen. Variation in Center of Mass Estimates for Extant Sauropsids and its Importance for Reconstructing Inertial Properties of Extinct Archosaurs. The Anatomical Record 292:1442－1461 (2009)］

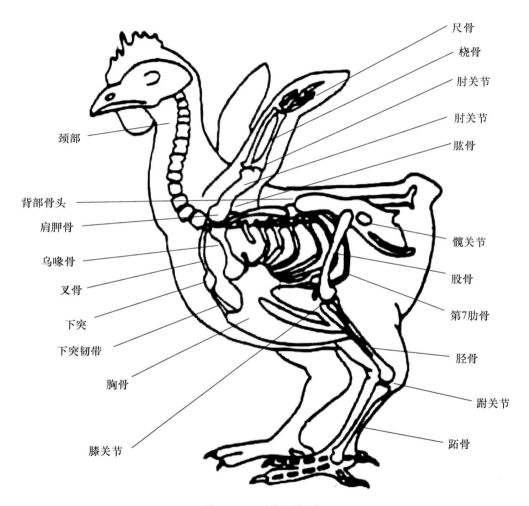

图 1-20 肉鸡的主要骨骼

[来源：Shai Barbut. The Science of Poultry and meat Processing. the North American/Canadian Food Inspection Agency (2012)]

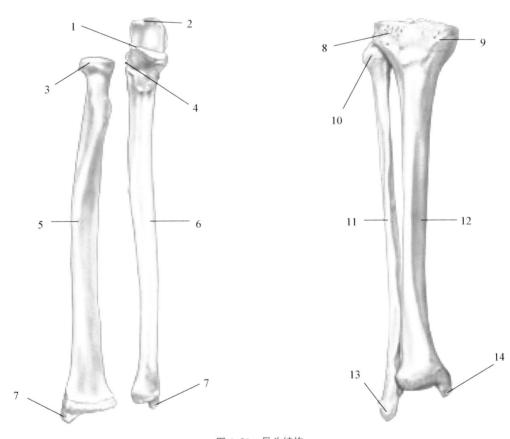

图 1-21　骨头结构

　　1.冠状突；2.鹰嘴突；3.桡骨头；4.桡骨刻痕；5.桡骨；6.尺骨；7.茎突；8.外踝；9.内踝；10.腓骨头；11.腓骨；12.胫骨；13.外踝；14.内踝

青年肉鸡

发育成熟的肉鸡

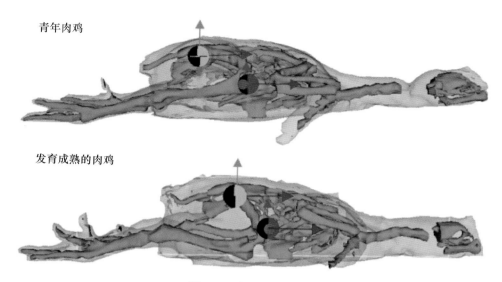

图 1-22　肉鸡骨骼的变化

［来源：Vivian Allen. Variation in Center of Mass Estimates for Extant Sauropsids and its Importance for Reconstructing Inertial Properties of Extinct Archosaurs. The Anatomical Record,2009, 292:1442 - 1461］

图 1-23　家禽背部骨骼图

SC，肩胛骨；r,肋骨

［来源：Shigeru Kuratani. et al. Evolutionary developmental perspective for the origin of turtles: the folding theory for the shell based on the developmental nature of the carapacial ridge. Evolutlon & Development,2011, 13:1, 1 - 14］

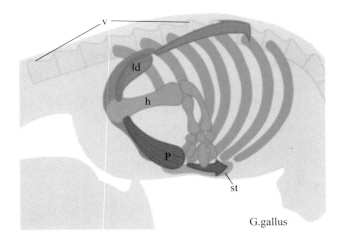

图 1-24　背阔肌和胸肌的发育图

鸡的背阔肌来源于前肢芽，向后逐渐生长扩展到背部。

h，肱部；ld，背阔肌；p，胸肌；st，胸骨；v，椎骨

[来源：Shigeru Kuratani. et al. Evolutionary developmental perspective for the origin of turtles: the folding theory for the shell based on the developmental nature of the carapacial ridge. Evolution & Development,2011, 13:1, 1-14]

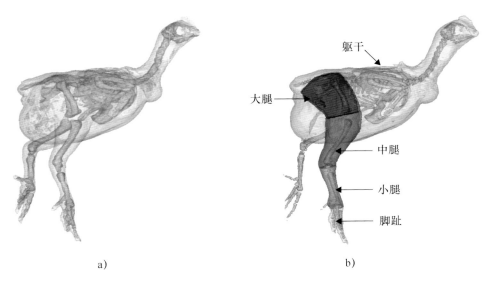

a)　　　　　　　　　　　　　　　　　　b)

图 1-25　躯干和骨盆四肢骨头的 3D 模型图

图 a）代表整体骨骼结构；图 b）代表躯干骨（移除腿部肌肉）和后肢骨

[来源：Paxton et al. (2014), Anatomical and biomechanical traits of broiler chickens across ontogeny. Part II. Body segment inertial properties and muscle architecture of the pelvic limb. PeerJ 2:e473; DOI 10.7717/peerj.473]

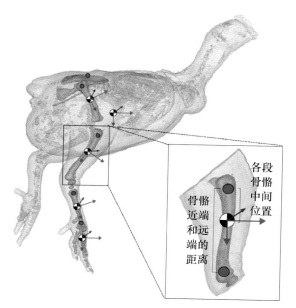

图 1-26 骨盆骨、股骨、胫跗骨、跗跖骨和脚趾骨的 3D 模式图

[来源：Paxton et al. (2014), Anatomical and biomechanical traits of broiler chickens across ontogeny. Part II. Body segment inertial properties and muscle architecture of the pelvic limb. PeerJ 2:e473; DOI 10.7717/peerj.473]

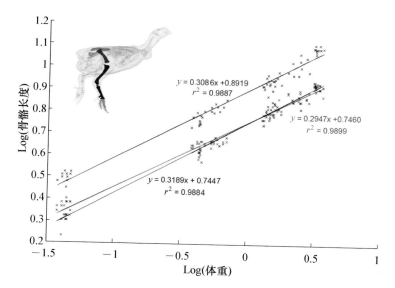

图 1-27 后肢骨（股骨、胫跗骨、跗跖骨）的比例关系

[来源：Paxton et al. (2014), Anatomical and biomechanical traits of broiler chickens across ontogeny. Part II. Body segment inertial properties and muscle architecture of the pelvic limb. PeerJ 2:e473; DOI 10.7717/peerj.473]

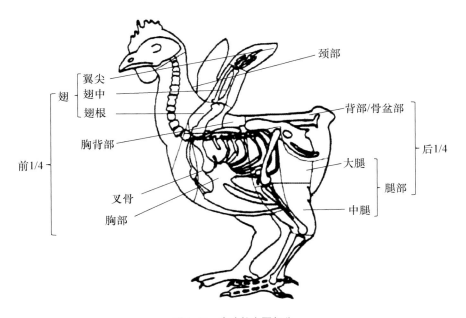

图 1-28 肉鸡的主要部分

［来源：Shai Barbut. The Science of Poultry and meat Processing. the North American/ Canadian Food Inspection Agency（2012）］

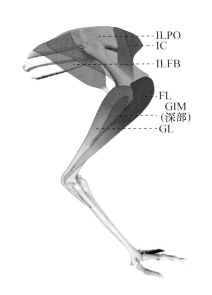

图 1-29 家禽后肢肌肉解剖图（表层肌肉、侧视图）

ILPO，髂胫外肌；IC，髂胫前肌；ILFB，股内侧肌；FL，腓骨长肌； GIM，腓肠肌中部；GL，腓肠肌外部

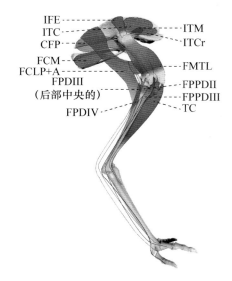

IFE，髂股外侧肌；ITC，尾髂股肌；ITCr，尾髂上部肌；ITM，臀中肌；CFP，尾股盆部肌；FCM，股内侧屈肌；FCLP，股外侧屈肌副部；FMTL，股胫外侧肌；FPDIV，第四跖有孔穿屈肌；FPDIII，第三跖有孔穿屈肌；FPPDII，第二跖穿孔和穿孔屈肌；FPPDIII，第三跖穿孔和穿孔屈肌；TC，腓肠肌外部

图 1-30　家禽后肢肌肉解剖图（中层肌肉、侧视图）

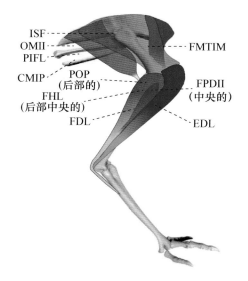

FDL，趾长屈肌；EDL，趾长伸肌；FHL，拇长屈肌；FPDII，跖有孔穿屈肌；POP，腘肌；FMTIM，股胫内侧中间肌肉；ISF，坐骨海绵肌；PIFL，耻骨坐骨外侧肌；OMII，闭孔内侧肌（髂骨与坐骨部分）；OMIP，闭孔内侧肌（坐骨与耻骨部分）

图 1-31　家禽后肢肌肉解剖图（深层肌肉、侧视图）

［来源：Heather Paxton, Nicolas B. Anthony, Sandra A. Corr and John R. Hutchinson. The effects of selective breeding on the architectural properties of the pelvic limb in broiler chickens: a comparative study across modern and ancestral populations. Journal of Anatomy. Volume 217, Issue 2, pages 153－166, August 2010

Lamas et al. (2014), Ontogenetic scaling patterns and functional anatomy of the pelvic limb musculature in emus (*Dromaius novaehollandiae*). PeerJ 2:e716; DOI 10.7717/peerj.716］

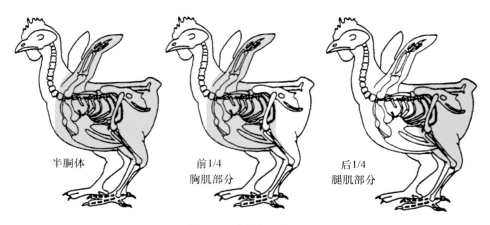

图 1-32　半胴体示意图

全胴体，去除肉鸡羽毛、毛发、头以及尾脂腺和跗关节区域的腿的部分。半胴体：全胴体的一半，脊骨(胸椎)、骨盆骨(骨盆)和龙骨(胸骨)的中线切开

[来源：Shai Barbut. The Science of Poultry and meat Processing. the North American/Canadian Food Inspection Agency (2012)]

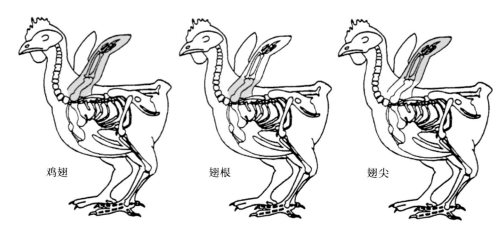

图 1-33　翅膀示意图

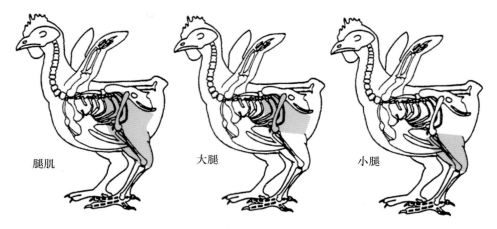

腿肌　　　大腿　　　小腿

图 1-34　腿部肌肉

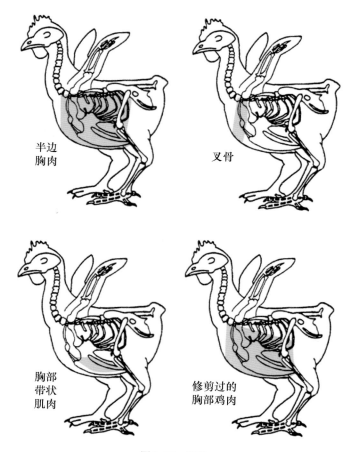

半边胸肉　　　叉骨

胸部带状肌肉　　　修剪过的胸部鸡肉

图 1-35　胸肌

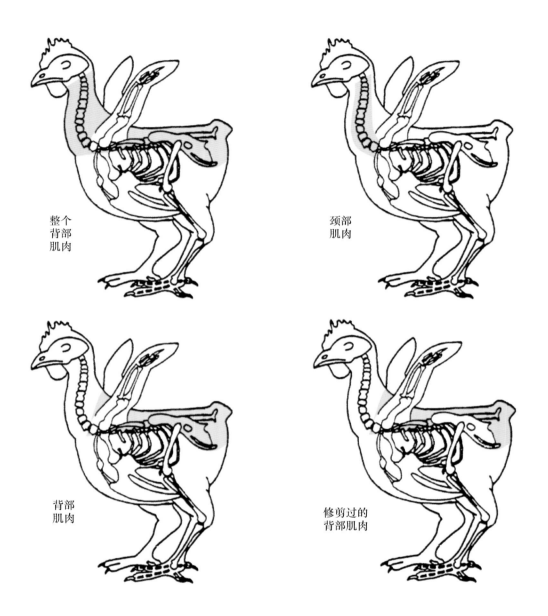

整个
背部
肌肉

颈部
肌肉

背部
肌肉

修剪过的
背部肌肉

图 1-36　背部肌肉

［来源：Shai Barbut. The Science of Poultry and meat Processing. the North American/Canadian Food Inspection Agency (2012)］

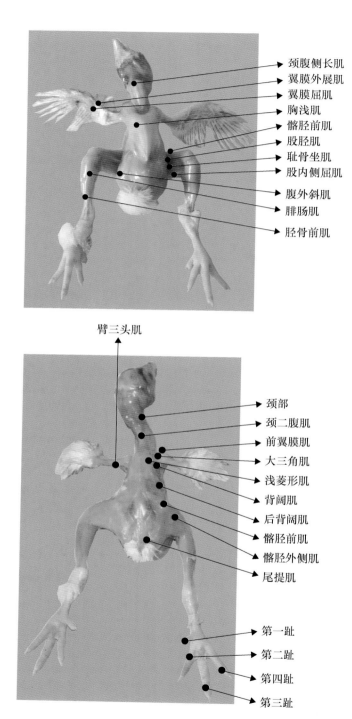

颈腹侧长肌
翼膜外展肌
翼膜屈肌
胸浅肌
髂胫前肌
股胫肌
耻骨坐肌
股内侧屈肌
腹外斜肌
腓肠肌
胫骨前肌

臂三头肌

颈部
颈二腹肌
前翼膜肌
大三角肌
浅菱形肌
背阔肌
后背阔肌
髂胫前肌
髂胫外侧肌
尾提肌

第一趾
第二趾
第四趾
第三趾

图 1-37　皮肤与肌肉（1）

鸡冠

上喙

肉垂

肛门

翅

第一趾

第二趾

第三趾

图 1-38　皮肤与肌肉（2）

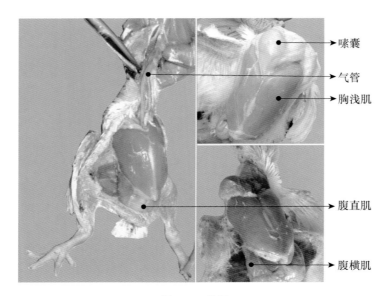

图 1-39　胸肌

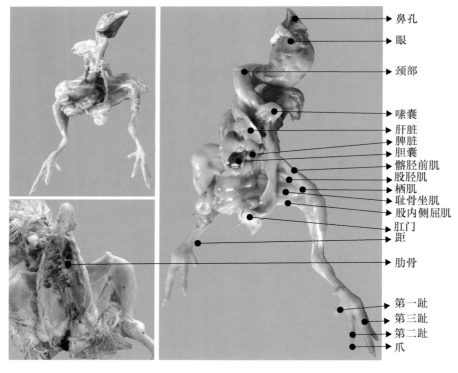

图 1-40　内脏器官

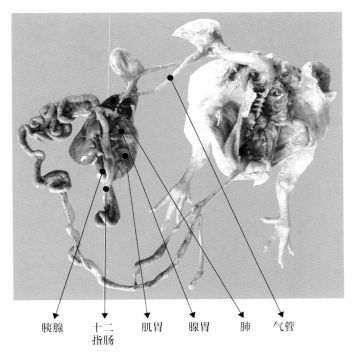

胰腺　　十二　　肌胃　　腺胃　　肺　　气管
　　　　指肠

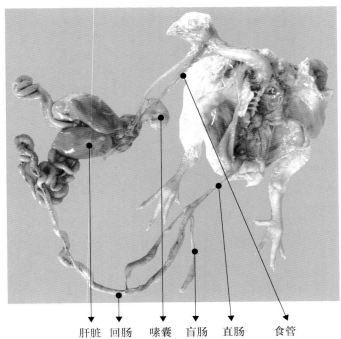

肝脏　回肠　　嗉囊　　盲肠　　直肠　　食管

图 1-41　消化系统与呼吸系统（1）

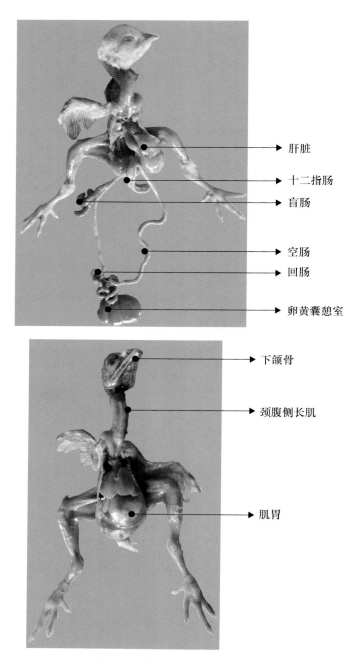

图 1-42　消化系统与呼吸系统（2）

肝脏

十二指肠

盲肠

空肠

回肠

卵黄囊憩室

下颌骨

颈腹侧长肌

肌胃

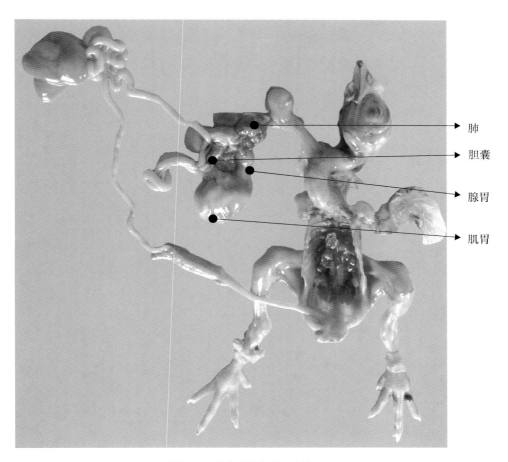

肺

胆囊

腺胃

肌胃

图 1-43　消化系统与呼吸系统（3）

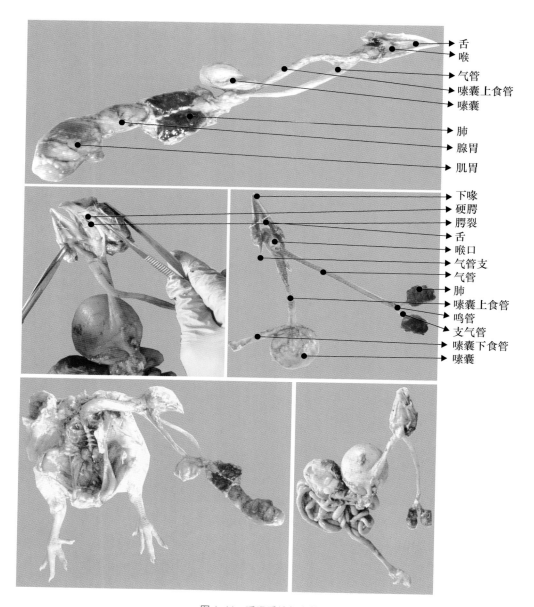

图 1-44　呼吸系统与食管

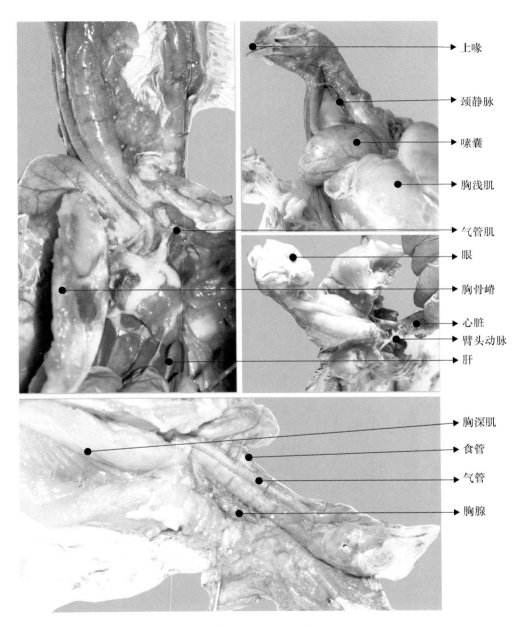

上喙

颈静脉

嗉囊

胸浅肌

气管肌

眼

胸骨嵴

心脏

臂头动脉

肝

胸深肌

食管

气管

胸腺

图 1-45　食管与气管

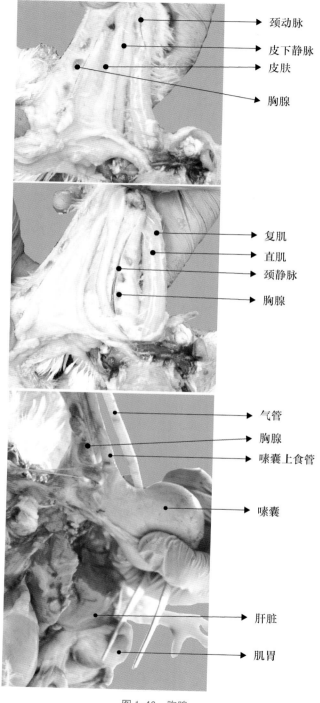

颈动脉

皮下静脉

皮肤

胸腺

复肌

直肌

颈静脉

胸腺

气管

胸腺

嗉囊上食管

嗉囊

肝脏

肌胃

图 1-46　胸腺

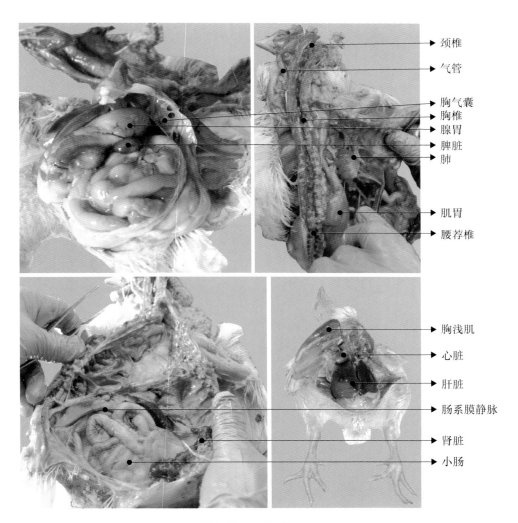

图 1-47　内脏器官（1）

颈椎

气管

胸气囊
胸椎
腺胃
脾脏
肺

肌胃

腰荐椎

胸浅肌

心脏

肝脏

肠系膜静脉

肾脏

小肠

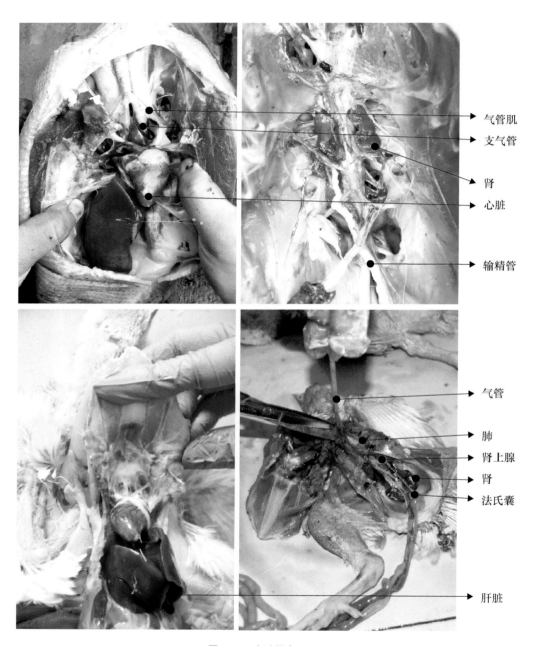

气管肌

支气管

肾

心脏

输精管

气管

肺

肾上腺

肾

法氏囊

肝脏

图 1-48　内脏器官（2）

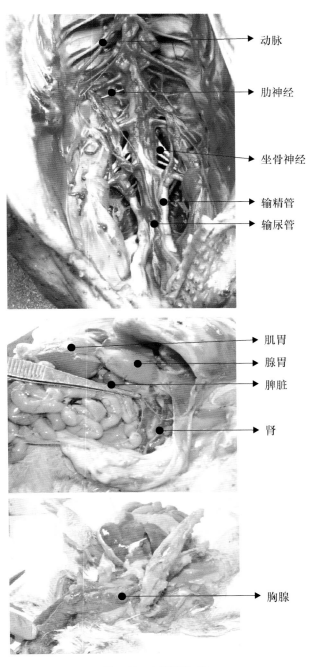

动脉

肋神经

坐骨神经

输精管

输尿管

肌胃

腺胃

脾脏

肾

胸腺

图 1-49　内脏器官（3）

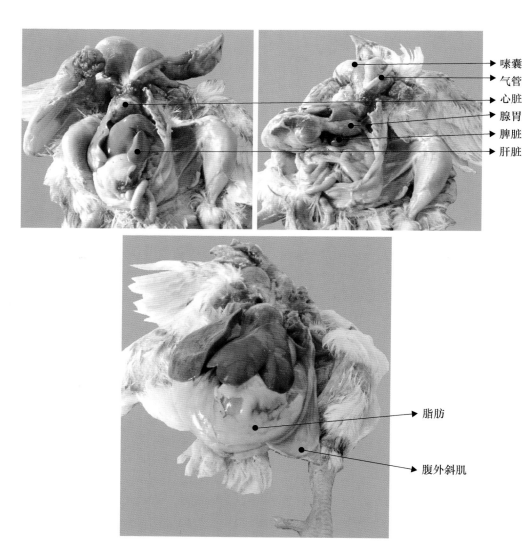

嗉囊

气管

心脏

腺胃

脾脏

肝脏

脂肪

腹外斜肌

图 1-50　内脏器官（4）

胸腺

心脏

肺

胸浅肌

心包膜

肌胃

图 1-51　内脏器官（5）

二、剖检术势

1.剖检前临床准备

（1）器械的准备

➢ 手术剪，用于剪切皮肤及软组织；

➢ 强力骨剪，用于剪断较硬的骨组织；

➢ 解剖刀，用于进行组织的检查；

➢ 镊子，用于夹持组织器官；

➢ 载玻片，对病料进行涂片或触片，用显微镜观察；

➢ 灭菌注射器，采血用；

➢ 有盖方瓷盘，盛放病料用；

➢ 乳胶手套及创可贴，安全防护用。

（2）药品 消毒药，如醛制剂、二氯异氰尿酸钠等，以便对鸡体及环境进行消毒，也可对人皮肤进行消毒。

（3）剖检前的问诊 问诊内容包括场名、地址、联系方式，饲养品种、日龄、数量、饲养历史、饲养情况、饲养环境、临床症状、发病死亡及用药，治疗效果、疫苗免疫方案、疫苗生产厂家、保存及运输，免疫剂量及途径等情况。

2.剖检注意事项

场地选择：剖检场地应在通风好、光线充足、远离禽舍和易于消毒的地方进行。

自我安全保护：剖检人员应在剖检前穿戴好工作服、胶靴、橡胶手套和口罩，做好自身防护。

剖检前应了解所剖病鸡群的病史和临床情况。

剖检时应由表及里，按系统仔细检查各组织病变，必要时取病料作进一步化验。

剖检结束后，工作服、胶靴及剖检工具应及时清洗消毒后放回原处。

剖检后的尸体应及时装入带盖塑料桶内，送焚烧炉焚烧。

及时填写剖检记录，分析剖检结果，做出病理诊断及处理建议。根据需要，可提出病原学和血清学化验的意见。

剖杀方法：颈动脉或口腔放血均可。活鸡要注意采取血液样品，以备检查。

3.剖检

（1）病死鸡的选择：最好是濒死鸡，或死后不久的鸡。

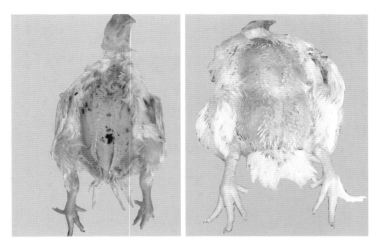

图 1-52 剖检前消毒

（2）杀死病鸡 颈动脉放血、口腔放血、折颈死亡等方法，根据需要选择。

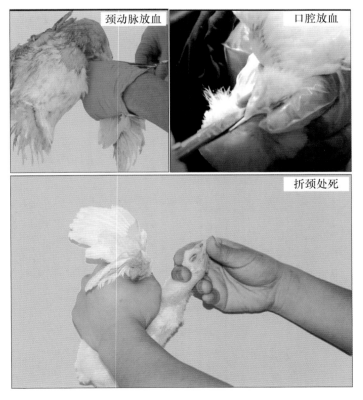

图 1-53 杀鸡方法

（3）全身羽毛消毒　剖检前将鸡体（主要是胸腹部）浸于消毒液片刻（不要浸头），然后取出，置于白搪瓷盘或解剖台上，取背部仰卧姿势，以此将两腿拉开，远离身体。

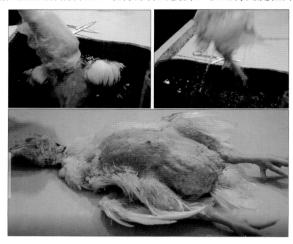

图 1-54　鸡只全身消毒

（4）剥皮　自口腔腹侧口角剪开，沿中线剪开颈部、胸部、腹部至泄殖腔之间的皮肤，剥离皮肤，暴露出整个颈部、嗉囊、胸部、腹部等。然后紧握大腿股骨处，向外向后折去，直至股骨头和髋臼完全脱离，两腿平放盘中或解剖台上，鸡体不会向两侧歪斜。观察内容：颈部胸腺、胸部肌肉、龙骨形状、腹腔状态等变化。

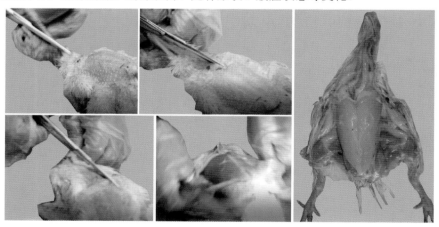

图 1-55　剥皮

（5）打开内脏　用手或镊子小心提起肛门和胸骨之间的腹壁，再沿胸骨后缘，用剪刀横切腹壁，然后沿胸骨边缘剪开两侧胸部肌肉，在胸骨后缘两侧肋骨中部沿肋软骨剪断肋骨，随后切断两侧或一侧的喙突关节和锁骨，暴露整个胸腹腔内脏。

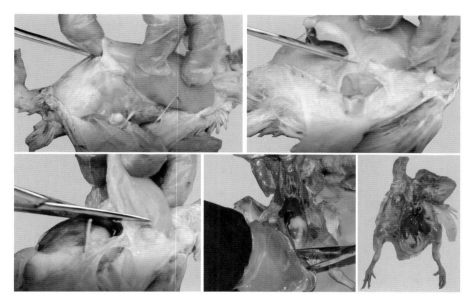

图 1-56　打开内脏器官方法

（6）内脏器官取出　先将心脏连心包一起剪断与胸骨相连的结缔组织，再取出肝脏。在食管末端剪断，将腺胃、肌胃、肠道、胰脏、脾脏一同取出，向后拉腺胃、肌胃，边拉边剪断胃肠道间的肠系膜，在泄殖腔前剪断直肠。

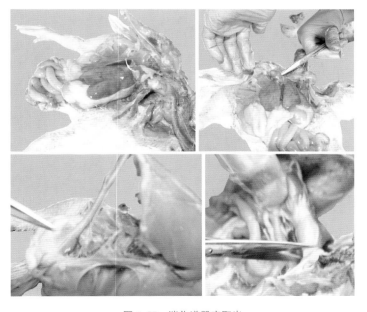

图 1-57　消化道器官取出

（7）肾脏的取出　肾脏隐藏于腰荐骨凹陷处，可用手术刀柄或手术剪剥离取出，取出肾脏时应注意输尿管的检查。暴露出腰荐神经。

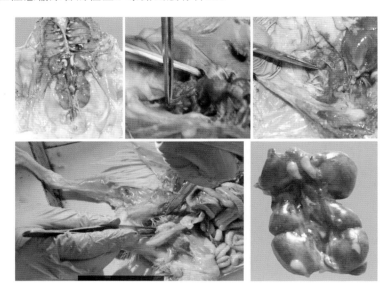

图 1-58　肾脏取出

（8）呼吸系统剖检　用剪刀自喉头气管剪开直至支气管、肺支气管，用手术刀柄或剪刀剥离取出嵌于肋间的肺脏，观察喉头、气管、鸣管、支气管、肺支气管黏膜、肺脏表面有无变化。

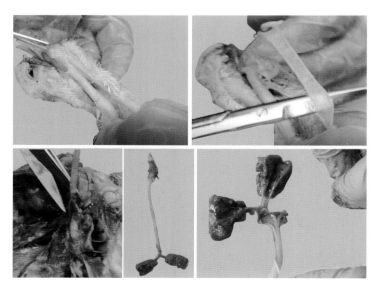

图 1-59　呼吸系统检查

（9）食道剖检　用剪刀自口腔剪开食管至嗉囊，观察食管黏膜变化。

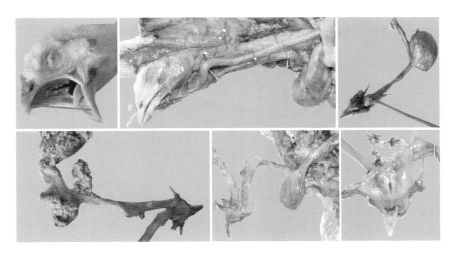

图 1-60　消化系统剖开

（10）胃肠道剖检　将胃肠道自体腔内取出并伸展开，用剪刀自腺胃开始剪开，沿肠系膜剪开肠道直至直肠。观察腺胃、肌胃及整个肠道黏膜的变化。

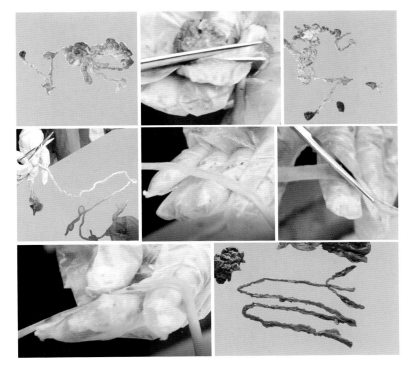

图 1-61　消化系统检查

（11）生殖系统剖检　用剪刀沿输卵管伞处剪开直至子宫部，剪开整个输卵管，观察黏膜变化。

（12）法氏囊　在泄殖腔背部找到法氏囊并剪开，观察组织变化。

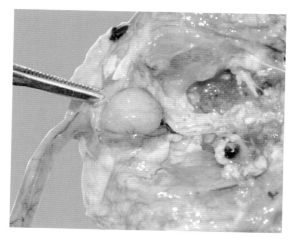

图1-62　法氏囊

（13）坐骨神经　用剪刀剪断股内侧三角肌，暴露出坐骨神经。

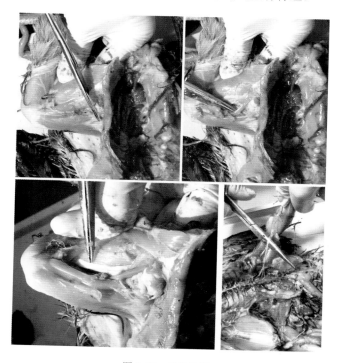

图1-63　坐骨神经

（14）跗关节剖检　用剪刀剪开胫跗关节内侧关节皮肤，暴露出关节腔，观察关节腔内变化，外侧肌腱变化。

图 1-64　骨骼与关节检查

（15）脑组织剖检　先用刀剪剥离头部皮肤，沿眼眶的上缘用骨剪剪开头骨，然后沿眼眶上缘至枕骨孔剪开，剥离枕骨孔周围肌肉并剪断骨头，用剪刀夹住剪开的部位用力上撬，即可揭去头盖骨，剪破脑膜即可暴露脑组织。将头顶朝下，剪断脑神经的联系，取出大脑和小脑。

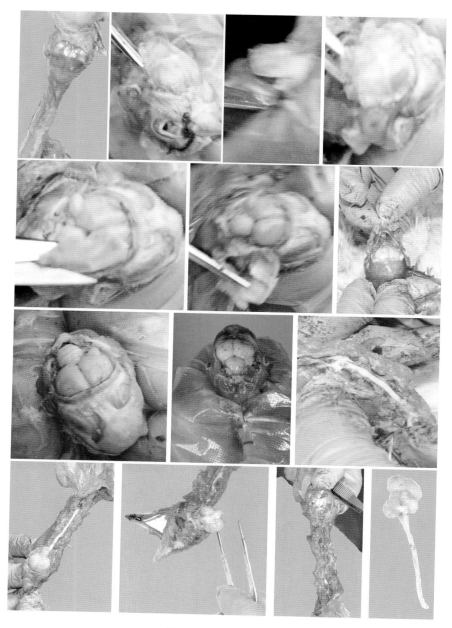

图 1-65　神经系统检查

（16）卫生清洁 剖检结束，收集尸体无害化处理，用消毒液对剖检环境消毒。

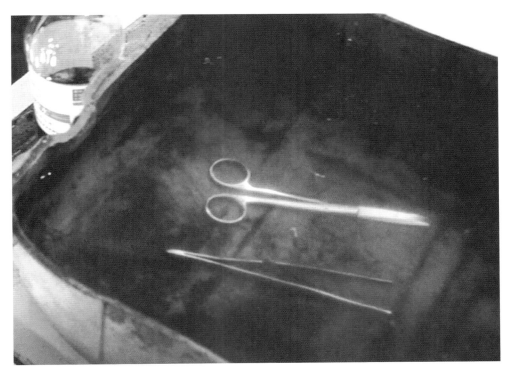

图 1-66 解剖后清洗消毒

第二章　被皮系统

被皮系统由皮肤及其衍生物组成，其主要功能是保护鸡体内的器官和组织不受外界机械性侵袭，调节体温，排泄废物，感觉外界环境的各种刺激等。鸡的皮肤薄而柔软，由表皮和真皮组成，容易与躯体剥离。鸡的皮肤在翼中形成的皮肤褶叫翼膜，有利于飞翔。皮肤大部分由羽毛覆盖，叫羽区。无羽毛区叫裸区。

皮肤的衍生物有羽毛、冠、肉垂、耳叶、喙、爪、尾脂腺、鳞片等。

羽毛是家禽特有的皮肤衍生物，根据形态不同，可分为三类：正羽、绒羽、纤羽。

正羽位于鸡体表，主干为羽轴，下段为羽根，上段为羽茎，由许多并行排列的羽枝构成。每一羽枝又向两侧分出两排小羽枝。绒羽密生于皮肤表面，蓬松的羽枝呈放射状直接从羽根发出，形成绒而得名，主要有保温作用。纤羽纤细，长短不一，形如长发，分布在机体的各部。根据羽毛生长的部位不同，可分为颈羽、翼羽、鞍羽、尾羽等。

羽毛形状：公鸡（颈羽、鞍羽、尾羽）圆而短；母鸡（梳羽、蓑羽、镰羽）尖而长。

翼羽是用于飞翔的主要羽毛，位于两翼外侧的长硬的羽毛称主翼羽，一般为10根。位于翼部近尺骨和桡骨侧的羽毛称副翼羽，一般为14根。覆盖在主翼羽上的羽毛称覆主翼羽，覆盖在副翼羽上的羽毛称覆副翼羽。主翼羽与覆主翼羽之间有一根较短而圆的羽毛称为轴羽。换羽：鸡从出壳到成年要经过3次换羽。雏鸡出壳不久，绒羽开始换羽，由正羽代替。第二次换羽发生在6～12周龄；第三次发生在13周龄到性成熟期。

冠与肉髯：都是皮肤的衍生物，富有血管，一般呈红色。其发育程度与性腺发育状态及光照强度都有关系，且雄性比雌性发达，可作为选种依据。一般选留冠及肉髯形状标准、对称、色彩鲜红、丰润温暖者。

耳叶：呈椭圆形，位于耳孔开口的下方，呈红色或白色。

喙：皮肤衍生物，啄食与自卫。喙的颜色多种，包括黄、青、黑等，一般与胫色一致，有品种差别。健壮鸡喙短粗，稍微向下弯曲。

鳞片：是分布在跖、趾部的高度角质化皮肤。

爪：位于鸡的每一个趾端，呈弓形，由坚硬的背板和软角质的腹板形成。

距：在鸡的趾部内侧，公鸡明显。

除尾部上方的尾脂腺外，缺乏汗腺和脂腺。鸡不可能通过出汗散热，而只能张口呼出蒸汽而散热。当这种方式不能达到降温需要时，鸡就容易中暑，甚至死亡。

尾脂腺：特别发达，润滑皮肤与羽毛。

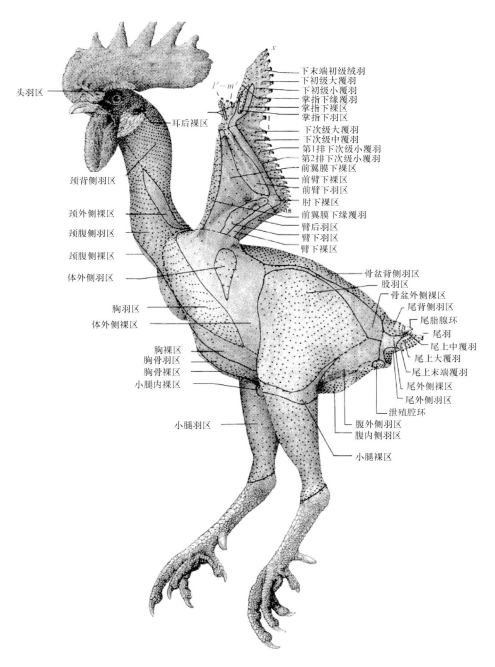

下末端初级绒羽
下初级大覆羽
下初级小覆羽
掌指下缘覆羽
掌指下裸区
掌指下羽区
下次级大覆羽
下次级中覆羽
第1排下次级小覆羽
第2排下次级小覆羽
前翼膜下裸区
前臂下裸区
前臂下羽区
肘下裸区
前翼膜下缘覆羽
臂后羽区
臂下羽区
臂下裸区

头羽区
耳后裸区
颈背侧羽区
颈外侧裸区
颈腹侧羽区
颈腹侧裸区
体外侧羽区
胸羽区
体外侧裸区
胸裸区
胸骨羽区
胸骨裸区
小腿内裸区
小腿羽区

骨盆背侧羽区
股羽区
骨盆外侧裸区
尾背侧羽区
尾脂腺环
尾羽
尾上中覆羽
尾上大覆羽
尾上末端覆羽
尾外侧裸区
尾外侧羽区
泄殖腔环
腹外侧羽区
腹内侧羽区
小腿裸区

图 2-1　羽区分布图

图 2-2　皮肤（1）

图 2-3　皮肤（2）

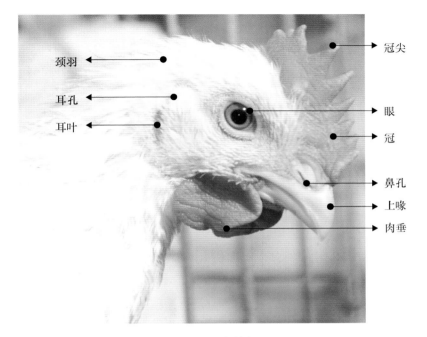

图 2-4 头部被皮

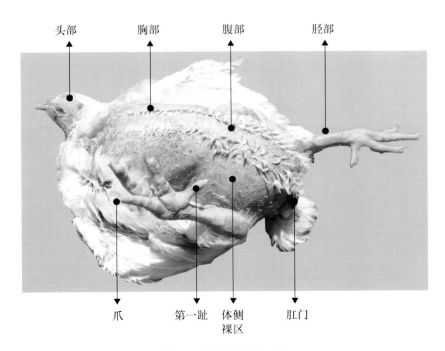

图 2-5 全身被皮组织（1）

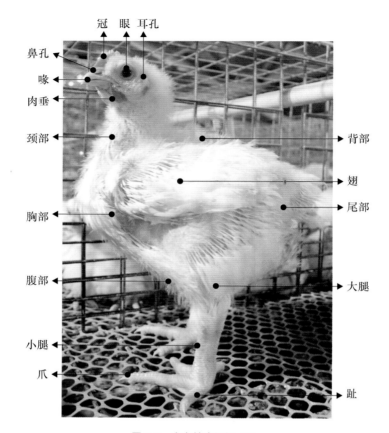

图 2-6　全身被皮组织（2）

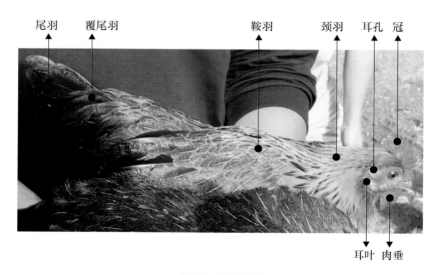

图 2-7　母鸡羽毛

图 2-8　公鸡羽毛

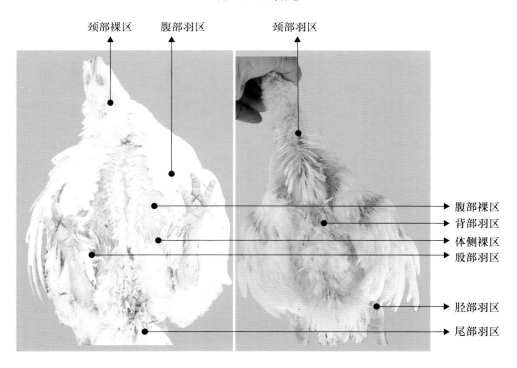

图 2-9　羽区

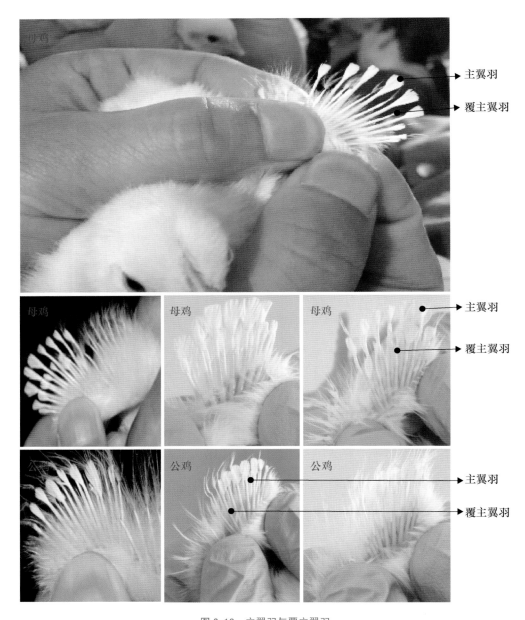

图 2-10　主翼羽与覆主翼羽

　　羽速雌雄鉴别：出生雏如主翼羽长于覆主翼羽，其绒羽更换为幼羽的生长速度快，称为快羽；反之为慢羽。

表 2-1　快慢羽雌雄鉴别特征

羽速	特征	性别
快羽	主翼羽长于覆主翼羽且绝对值大于等于5 mm	母雏
	主翼羽长于覆主翼羽且绝对值小于5 mm但大于2 mm	
慢羽	等长型（主翼羽与覆主翼羽等长）	公雏
	倒长型（主翼羽短于覆主翼羽）	
	未长出型（主翼羽未长出或主翼羽、覆主翼羽均未长出）	
	微长型（主翼羽长于覆主翼羽2 mm以内；除翼尖处有1～2根主翼羽稍长于覆主翼羽外，其他的主翼羽与覆主翼羽等长）	

颈羽

主翼羽　　覆主翼羽　　副翼羽　　覆副翼羽　　鞍羽　尾羽

图 2-11　翼羽（1）

副翼羽　　　　覆副翼羽　　　　覆主翼羽　　　　主翼羽

图 2-12　翼羽（2）

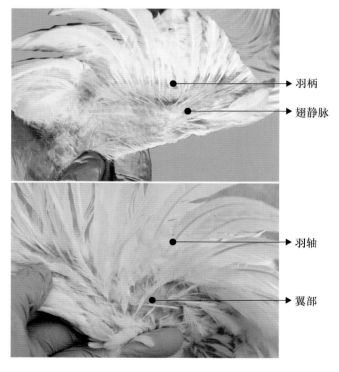

羽柄

翅静脉

羽轴

翼部

图 2-13　翼羽（3）

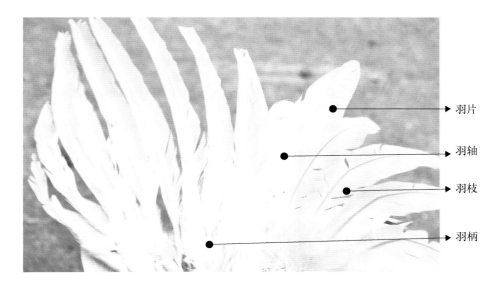

图 2-14 翼羽（4）

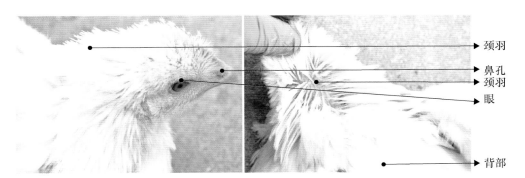

图 2-15 颈羽

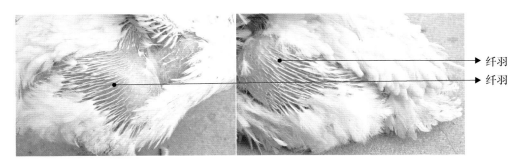

图 2-16 纤羽

图 2-17　羽根

血管

羽毛根部
毛囊与浅
皮连接处

羽毛根部

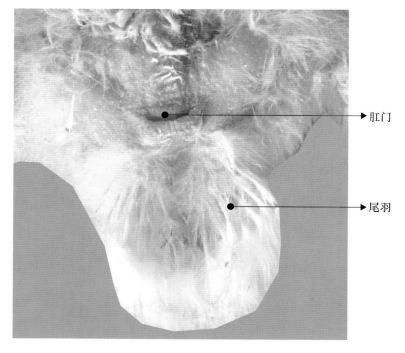

图 2-18　尾羽（1）

肛门

尾羽

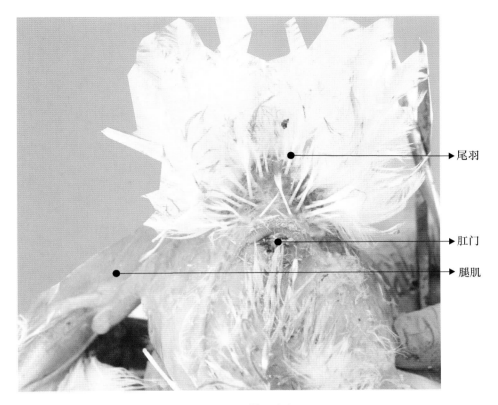

图 2-19　尾羽（2）

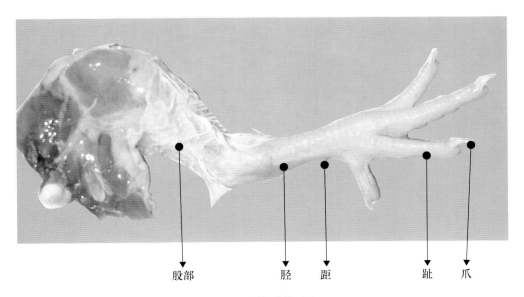

股部　　　　　胫　距　　　　趾　爪

图 2-20　腿部皮肤（1）

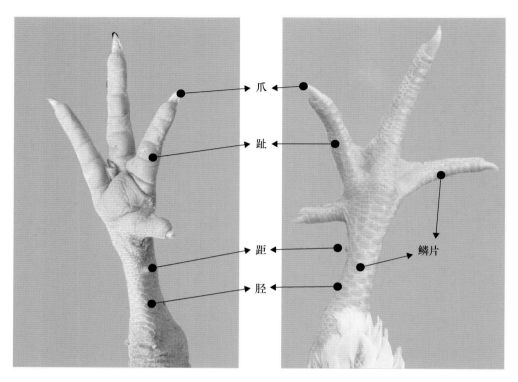

图 2-21　腿部皮肤（2）

图 2-22　腿部皮肤（3）

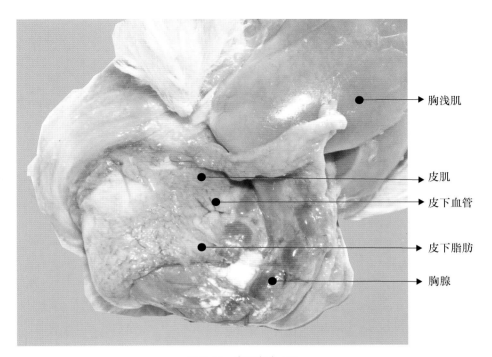

图 2-23　皮下脂肪（1）

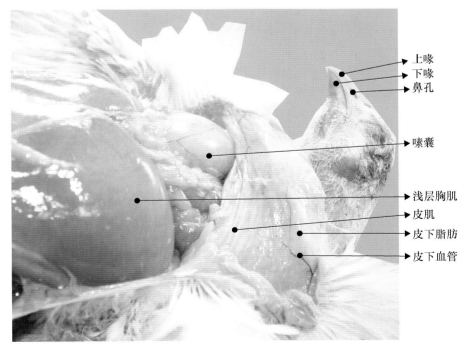

图 2-24　皮下脂肪（2）

第三章 骨骼

鸡骨骼特点：

（1）比重轻，气囊取代骨髓，成为含气骨。

（2）强度大，牢固：骨密质多而致密、钙盐含量高，颅面骨愈合度高，腰荐椎愈合成一块综荐骨，尾椎形成尾综骨，相邻肋间有钩突连接。

（3）由头骨、躯干骨、前肢骨和后肢骨组成。头骨中的颅骨愈合成为一个整体，属含气骨；上下颌骨没有牙齿，主要形成喙的骨质基础。躯干骨包括椎骨、肋骨和胸骨，鸡的颈椎有13～14枚；胸椎7枚，大部愈合在一起；腰荐椎（11～14节）、部分尾椎愈合成一块，称综荐骨；最后一节尾椎（鸡5～7枚）愈合成尾综骨；肋的数目与胸椎数目一致，除1、2对肋外，其余肋均分为椎肋骨、胸肋骨和钩突；胸骨发达，背侧面凹，有气孔，与气囊相通，腹侧正中有突出的胸骨嵴。

（4）前肢骨分为肩带骨和翼骨。肩带骨狭长，前端接乌喙骨，后端达骨盆，包括肩胛骨、锁骨（鸡的锁骨为V形）、乌喙骨，与臂骨成关节。翼骨呈"Z"形，包括肱骨（近端有一气孔，通锁骨间气囊，为含气骨）、前臂骨（桡骨、尺骨）和前脚骨（腕骨2块、掌骨3块、指骨3块）。

（5）后肢骨分为骨盆带骨和游离部骨（腿骨），骨盆底开放，利于雌禽产蛋；盆带骨（髋骨）包括髂骨（发达，内侧凹陷，容纳肾脏）、坐骨（板状，与髂骨围成坐骨孔）和耻骨（细长，与坐骨形成闭孔）。腿骨包括股骨（较短）、小腿骨（胫骨、腓骨）、跗骨（公鸡跗骨上游发达的距突）、趾骨（4个，第1趾向后，其余3趾向前）。

（6）鸡骨融合较多，肋骨分段成椎肋与胸肋，耻骨开张（生殖）。

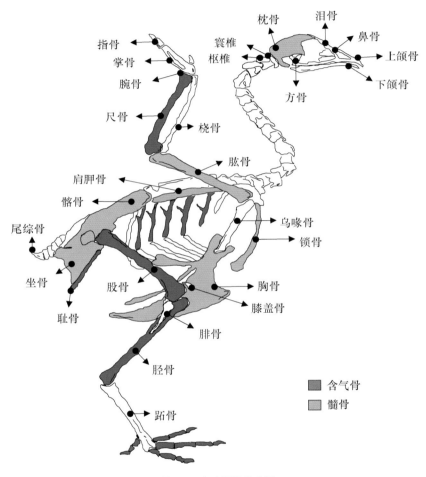

图 3-1 肉鸡骨骼模式图

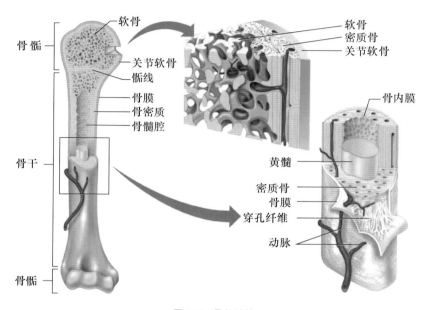

图 3-2 骨的结构

[来源：Shai Barbut. The Science of Poultry and Meat Processing]

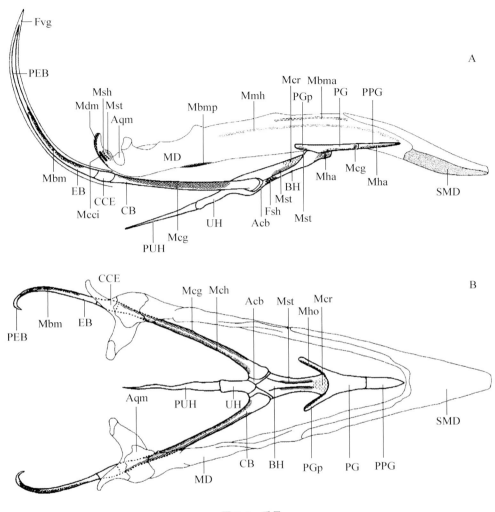

图 3-3　舌骨

Fvg，舌骨鞘筋膜；PEB，上鳃骨；Mbm，下颌鳃；EB，表面鳃；CCE，角鳃和表面鳃间的软骨桥；CB，角鳃；Mcg，角舌骨肌；PUH，尿舌软骨；UH，尿舌骨；Mdm，下颌骨降肌；Msh，匍状舌骨肌；Mst，茎突舌骨肌；Aqm，方骨－下颌骨关节；MD，下颌骨；Mbmp，后侧鳃下颌骨肌；Mmh，下颌舌骨肌；Mcr，环状下颌骨肌；PGp，尾基舌下；Mha，前部舌下肌；SMD，下颌骨接合；Mcg，舌骨角肌；BH，舌骨基部；Fsh，匍状舌骨筋膜；Acb，角膜－基部舌骨关节

［来源：Dominique G. Homberger and Ron A. Meyers. Morphology of the Lingual Apparatus of the Domestic Chicken, *Gallus gallus*, With Special Attention to the Structure of the Fasciae. The American Journal of Anatomy 186:217-257 (1989)］

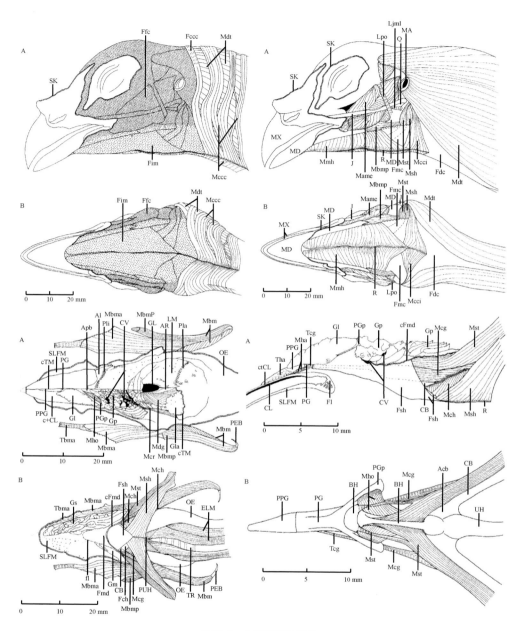

图 3-4 头部骨骼与肌肉

SK，皮肤；Ffc，面部筋膜；Fccc，颈结面部括约肌；Mdt，颞皮肌；Mccc，颈结括约肌；Fim，表面下颌骨内部；MX，上颌骨；MD，下颌骨；Mmh，下颌舌骨肌；J，颧骨；Mame，外下颌内收肌；Mbmp，后侧鳃下颌骨肌；R，脊；Fmc，面部-下颌骨括约肌；Mst，茎突舌骨肌；Msh，匐状舌骨肌；Mcci，下颌骨内筋膜结合括约肌；Fdc，面部皮下括约肌；Mdt，皮下颞肌；Fvg，舌骨鞘筋膜；PEB，上鳃骨；EB，表面鳃；CCE，角鳃和表面鳃间的软骨桥；CB，角鳃；Mcg，角舌骨肌；PUH，尿舌软骨；UH，尿舌骨；Mdm，下颌骨降肌；Aqm，方骨-下颌骨关节；MD，下颌骨；Mcr，环状下颌骨肌；PGp，尾基骨下；Mha，前部舌下肌；SMD，下颌骨接合；Mcg，舌骨角肌；BH，舌骨基部；Fsh，匍状舌骨筋膜；Acb，角膜-基部舌骨关节；W，肉垂；TR，气管；TOE，食管下黏膜；TM，黏膜；Tha，前部舌下肌腱；Tcg，舌骨角肌腱；Tbma，前部鳃下颌骨肌腱；SLFM，嘴舌下层黏膜；Q，方骨；Pt，蝶骨；OE，食管；Mho，舌下斜肌；JM，颌肌；Gs，舌下腺；Gp，声门腺；Gm，下颌腺；Gla，喉腺；Gl，舌腺；GL，声门；Fvgp，面部鞘壁层；Fvgv，面部鞘脏层；ct，结缔组织；Cr，头骨；CR，环状软骨；CL，舌角质；CH，鼻后孔裂；B，脑；BV，血管

［来源：Dominique G. Homberger and Ron A. Meyers. Morphology of the Lingual Apparatus of the Domestic Chicken, *Gallus gallus*, With Special Attention to the Structure of the Fasciae. The American Journal of Anatomy 186:217-257 (1989)］

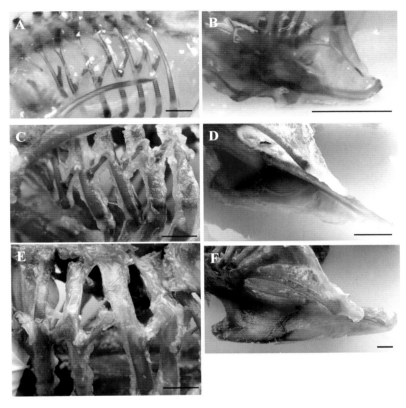

图 3-5　胸廓骨骼的钙化过程．

本图通过染色反映了椎肋、钩状突、胸骨的钙化进程，蓝色代表软骨、红色代表骨头；A和B为刚出生的肉鸡，C和D代表2周龄的肉鸡，E和F代表6周龄的肉鸡

［来源：Tickle et al. (2014), Anatomical and biomechanical traits of broiler chickens across ontogeny. Part I. Anatomy of the musculoskeletal respiratory apparatus and changes in organ size. PeerJ 2:e432; DOI 10.7717/peerj.432］

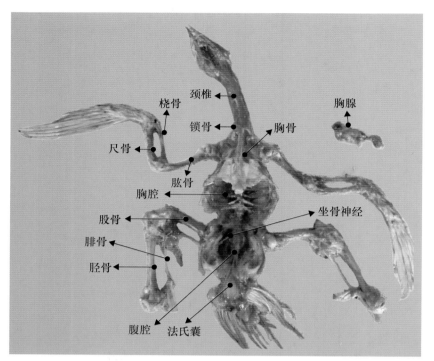

图 3-6　鸡的全
身骨骼

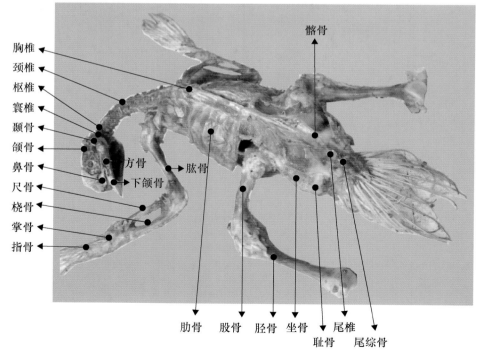

图 3-7　鸡的骨骼（1）

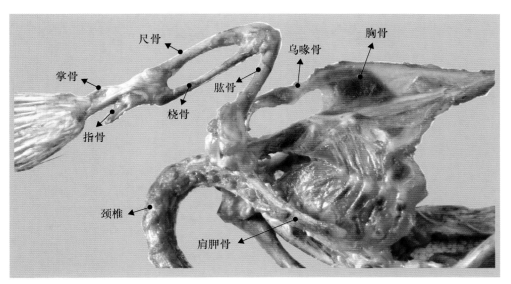

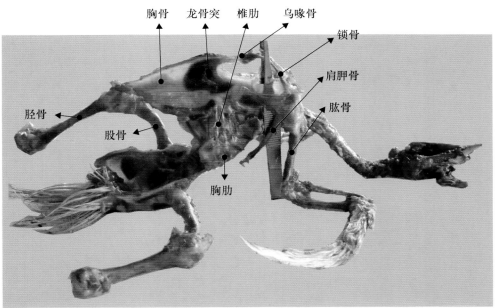

图 3-8　鸡的骨骼（2）

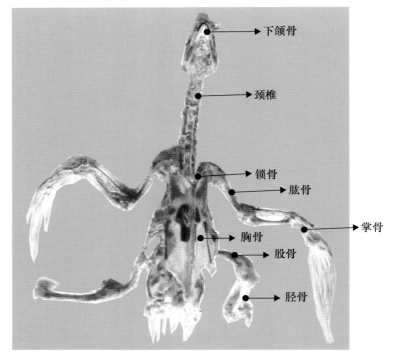

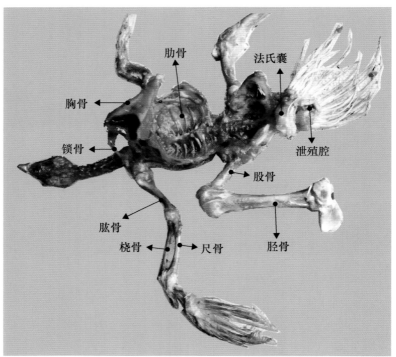

图 3-9　鸡的骨骼（3）

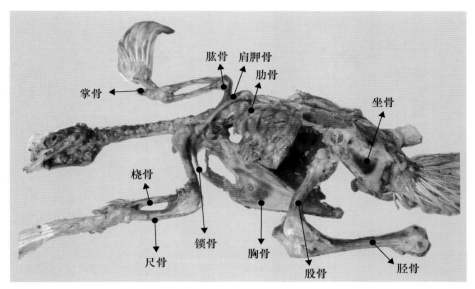

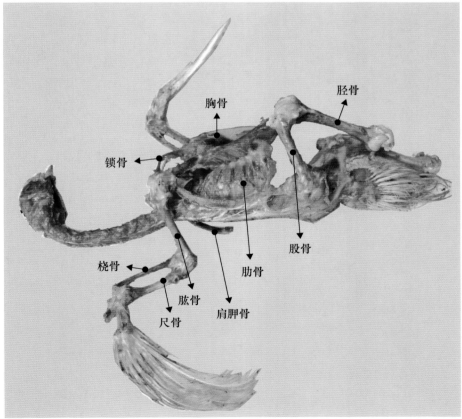

图 3-10 鸡的骨骼（4）

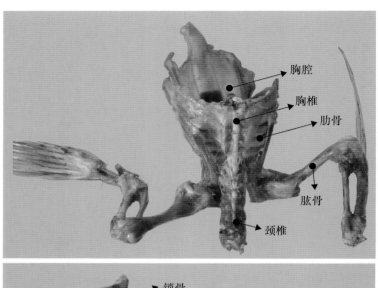

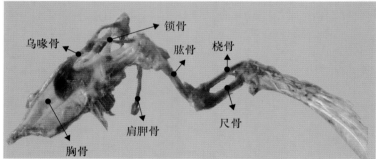

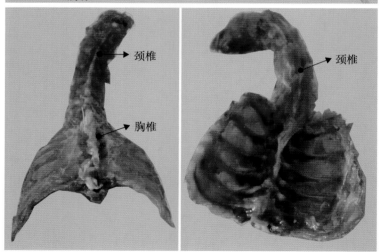

图 3-11　鸡的骨骼（5）

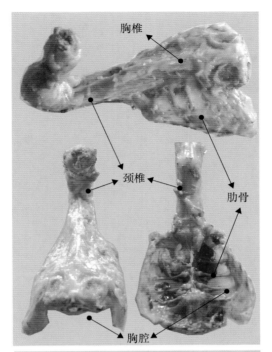

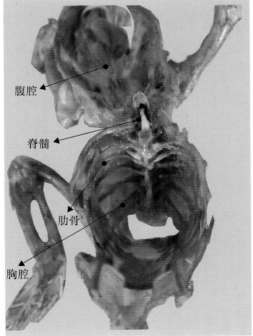

图 3-12　鸡的骨骼（6）

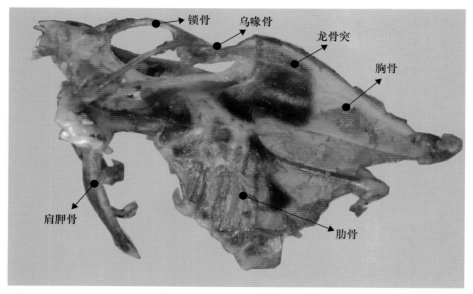

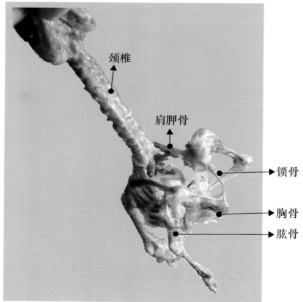

图 3-13　鸡的骨骼（7）

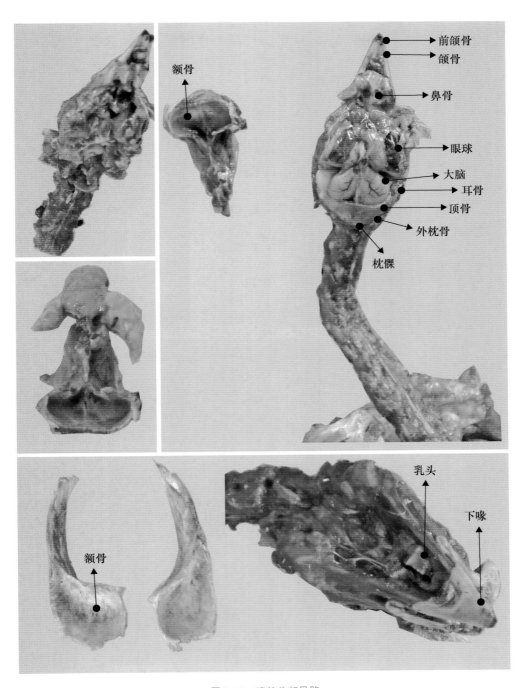

图 3-14 鸡的头部骨骼

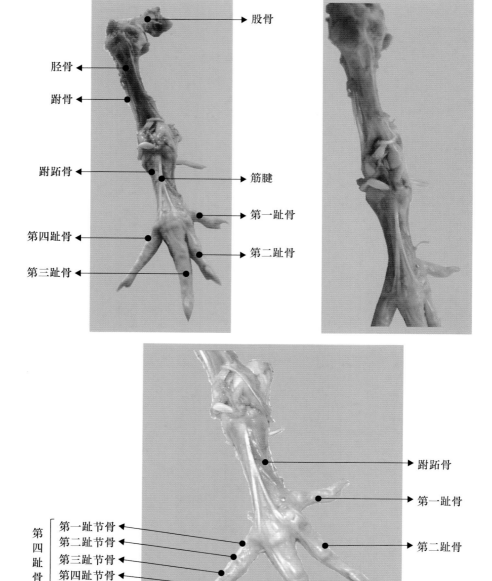

图 3-15　鸡的腿部骨骼

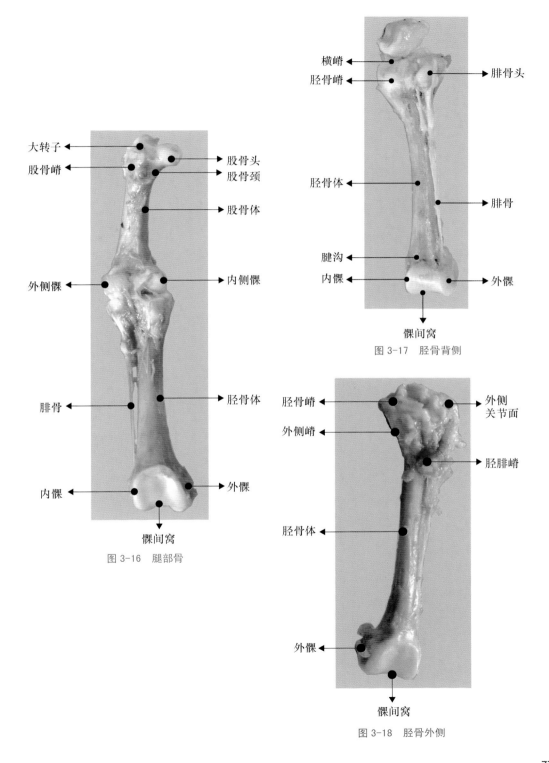

大转子
股骨嵴
股骨头
股骨颈
股骨体
外侧髁
内侧髁
腓骨
胫骨体
内髁
外髁
髁间窝

图 3-16　腿部骨

横嵴
胫骨嵴
腓骨头
胫骨体
腓骨
腱沟
内髁
外髁
髁间窝

图 3-17　胫骨背侧

胫骨嵴
外侧嵴
外侧关节面
胫腓嵴
胫骨体
外髁
髁间窝

图 3-18　胫骨外侧

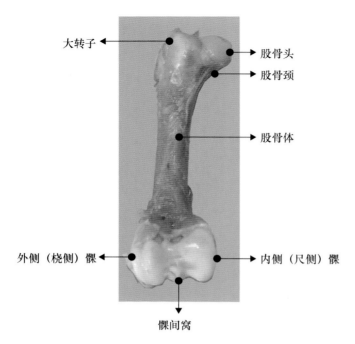

图 3-19 股骨跖侧

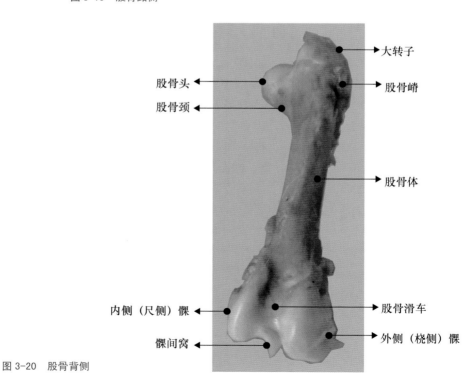

图 3-20 股骨背侧

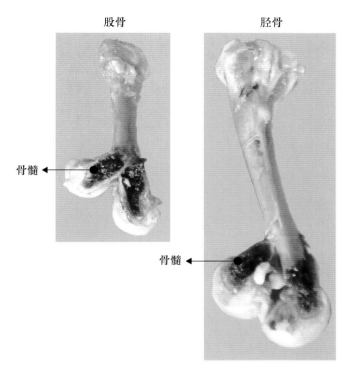

图 3-21　骨髓

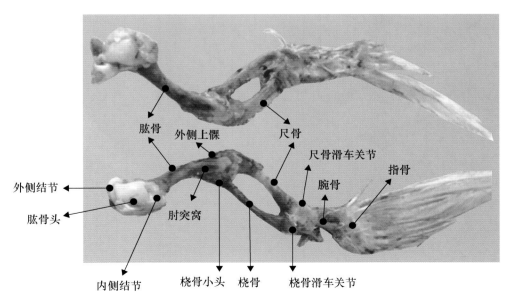

图 3-22　翼骨

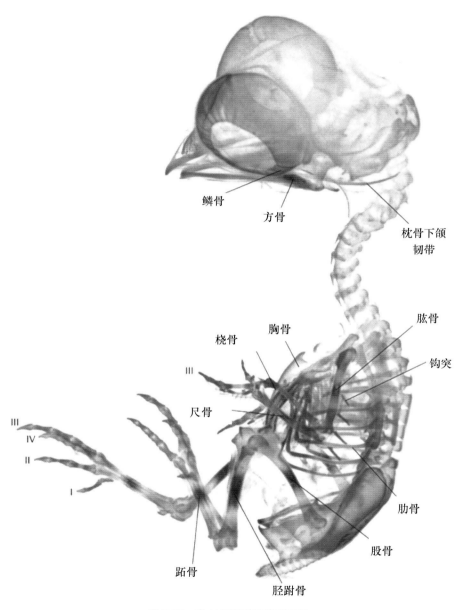

图 3-23　鸡 11 胚龄时骨骼发育图

文献来源：Ruth Bellairs;Mark Osmond.Athas of Chick Development(Third Edition),2014.

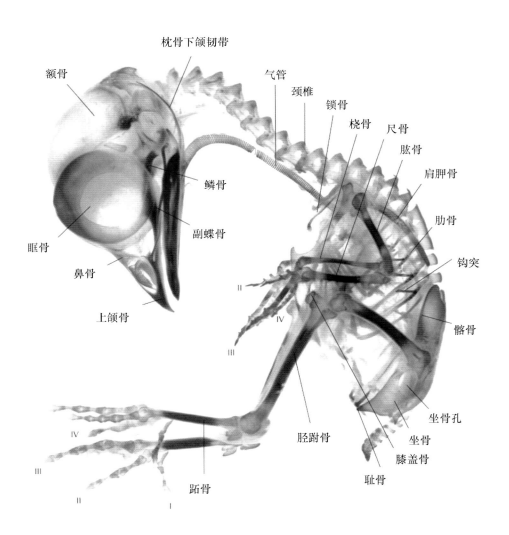

图 3-24 鸡 13 胚龄时骨骼发育图

文献来源：Ruth Bellairs;Mark Osmond.Athas of Chick Development(Third Edition),2014.

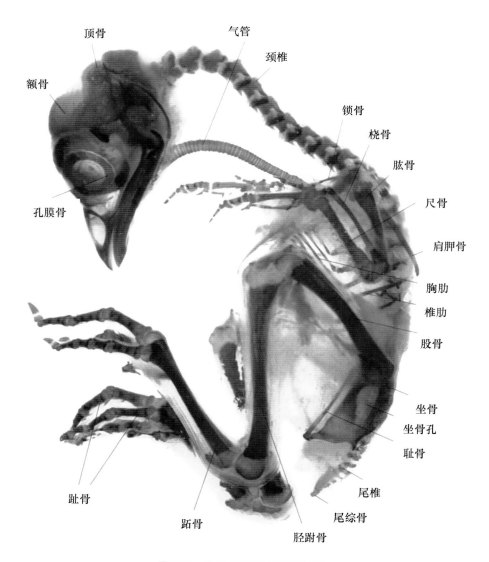

顶骨　气管　颈椎　额骨　锁骨　桡骨　肱骨　尺骨　肩胛骨　胸肋　椎肋　股骨　孔膜骨　坐骨　坐骨孔　耻骨　尾椎　趾骨　跗骨　胫跗骨　尾综骨

图 3-25　鸡 19.5 胚龄时骨骼发育图

文献来源：Ruth Bellairs；Mark Osmond.Athas of Chick Development(Third Edition),2014.

第四章 肌肉

鸡的肌纤维较细，肌肉没有脂肪沉积。肌纤维分为白肌纤维、红肌纤维（含线粒体和肌红蛋白较多）、中间型纤维。肌肉分布特点如下：

（1）皮肌薄而分布广泛，在翼部还有翼膜肌，可紧张翼膜。

（2）大部分面部肌退化，但咀嚼肌较发达。

（3）鸡颈部活动灵活，具有一系列分节性肌肉。

（4）躯干肌中的背腰荐部肌退化，尾部肌较发达，无膈肌，腹肌薄弱。

（5）胸肌发达，其重量可占全身肌肉的一半左右，胸部肌起于胸骨、锁骨、乌喙骨，止于肱骨。旋前浅肌将翼向下扑，旋前浅肌将翼向上提，掌桡侧伸肌和指总伸肌为重要的展翼肌。翼肌较薄，支配翼部。

（6）后肢肌：盆带肌不发达，后肢股部和小腿部肌肉多而发达，耻骨肌称栖肌。

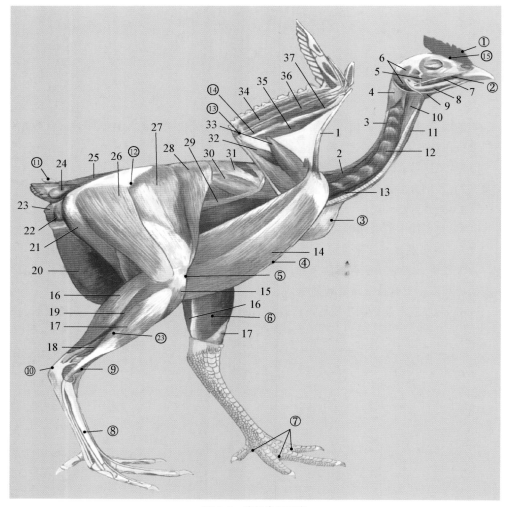

图 4-1　鸡的浅层肌肉

1.前翼膜肌；2.颈棘肌；3.颈二腹肌；4.腹肌；5.下颌收肌；6.下颌降肌；7.颌方肌；8.下颌间肌；9.下颌基舌骨肌；10.头腹侧直肌；11.胸骨气管肌；12.横突间肌；13.颈腹侧长肌；14.胸大肌；15/16.腓肠肌；17.腓骨长肌；18.趾长屈肌；19.第三趾浅及深屈肌；20.腹外斜肌；21.股外侧屈肌（半腱肌）；22.肛提肌；23.肛门括约肌；24.尾脂腺；25.尾提肌；26.髂腓肌（股二头肌）；27.髂胫外侧屈肌（阔筋膜张肌）；28.髂胫前肌（缝匠肌）；29.后翼膜前锯肌（翅膜肌）；30.肩臂后肌（肩胛上肌）；31.背阔肌；32.臂三头肌；33.臂二头肌；34.腕尺侧屈肌；35.掌桡侧伸肌；36.旋前深肌；37.旋前浅肌；①②……㉓为鸡的不同穴位

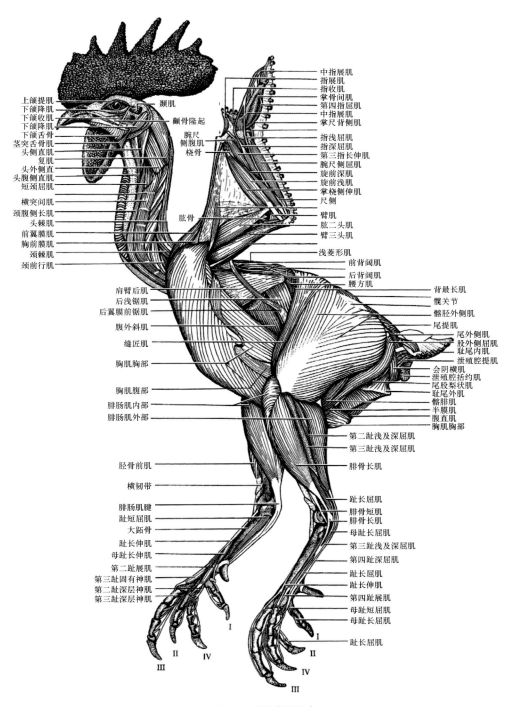

中指展肌
指展肌
指收肌
掌骨间肌
第四指屈肌
中指展肌
掌尺背侧肌
指浅屈肌
指深屈肌
第三指长伸肌
腕尺侧屈肌
旋前深肌
旋前浅肌
掌桡侧伸肌
尺侧
臂肌
肱二头肌
臂三头肌
浅菱形肌
前背阔肌
后背阔肌
腰方肌
背最长肌
髋关节
髂胫外侧肌
尾提肌
尾外侧肌
股外侧屈肌
耻尾内肌
泄殖腔提肌
会阴横肌
泄殖腔括约肌
尾股梨状肌
耻尾外肌
髂腓肌
半膜肌
腹直肌
胸肌胸部
第二趾浅及深屈肌
第三趾浅及深屈肌
腓骨长肌
趾长屈肌
腓骨短肌
腓骨长肌
母趾长屈肌
第三趾浅及深屈肌
第四趾深屈肌
趾长屈肌
趾长伸肌
第四趾展肌
母趾短屈肌
母趾长屈肌
趾长屈肌

上颌提肌
下颌降肌
下颌收肌
下颌降肌
下颌舌骨
茎突舌骨肌
头侧直肌
复肌
头外侧直
头腹侧直肌
短颈屈肌
横突间肌
颈腹侧长肌
头棘肌
前翼膜肌
胸前膜肌
颈棘肌
颈前行肌

颞肌
颧骨隆起
腕尺侧腹肌
桡骨
肱骨

肩臂后肌
后浅锯肌
后翼膜前锯肌
腹外斜肌
缝匠肌
胸肌胸部
胸肌腹部
腓肠肌内部
腓肠肌外部

胫骨前肌
横韧带
腓肠肌腱
趾短屈肌
大距骨
趾长伸肌
母趾长伸肌
第二趾展肌
第三趾固有神肌
第二趾深层神肌
第三趾深层神肌

I
II
IV
III

I
II
IV
III

图 4-2　鸡的浅层肌肉

［来源：Shai Barbut. The Science of Poultry and Meat Processing）］

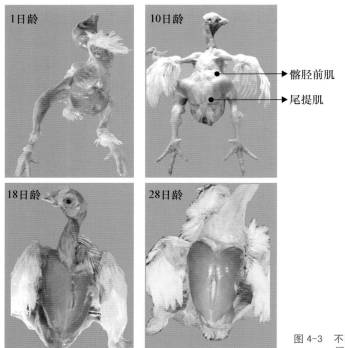

髂胫前肌

尾提肌

图 4-3　不同阶段肉鸡的浅
　　　　层肌肉对比

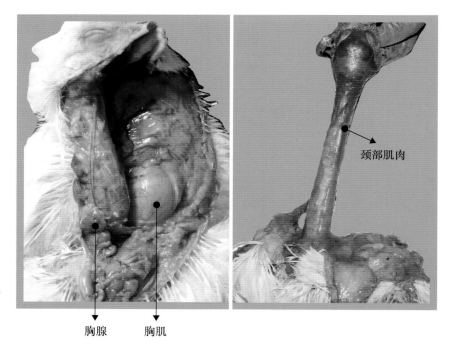

颈部肌肉

图 4-4　颈部
　　　　肌肉

胸腺　　　　胸肌

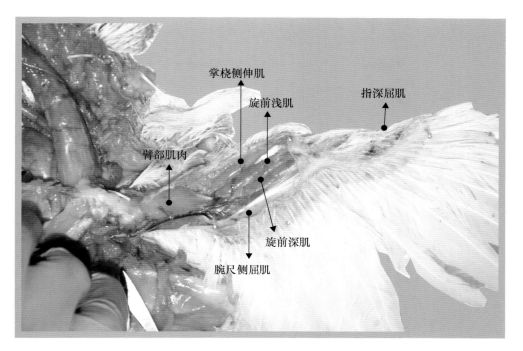

掌桡侧伸肌

旋前浅肌

指深屈肌

臂部肌肉

旋前深肌

腕尺侧屈肌

图 4-5 鸡翼部腹侧浅层肌肉

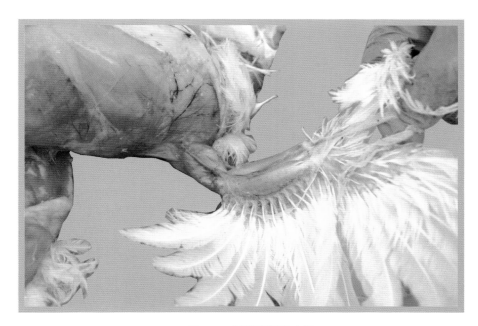

图 4-6 鸡翼部浅层肌肉图

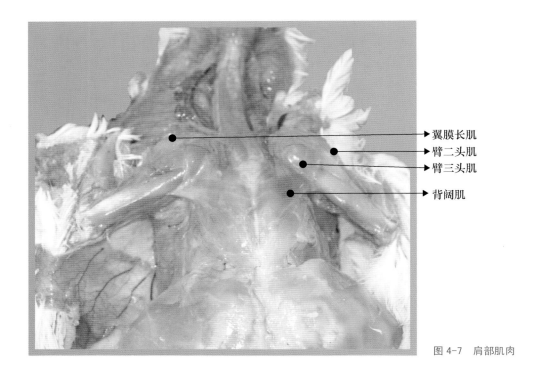

➤ 翼膜长肌

➤ 臂二头肌

➤ 臂三头肌

➤ 背阔肌

图 4-7　肩部肌肉

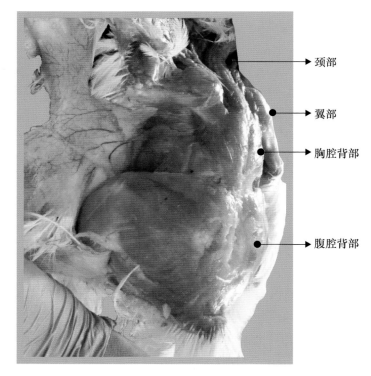

➤ 颈部

➤ 翼部

➤ 胸腔背部

➤ 腹腔背部

图 4-8　肉鸡肌肉背部图

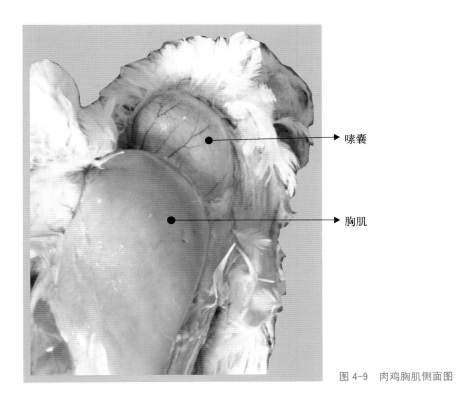

嗉囊

胸肌

图 4-9　肉鸡胸肌侧面图

图 4-10　肉鸡胸肌正面图

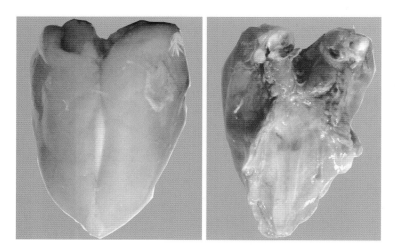

图 4-11　肉鸡肌肉正面与背面图

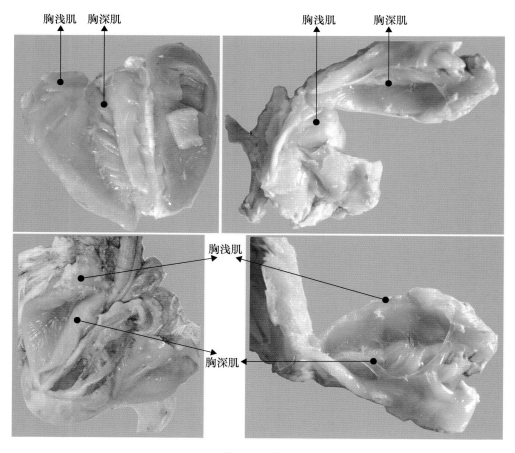

图 4-12　胸肌

胸大肌　　胸小肌

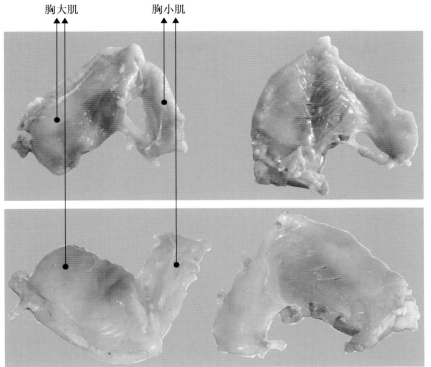

图 4-13　胸肌

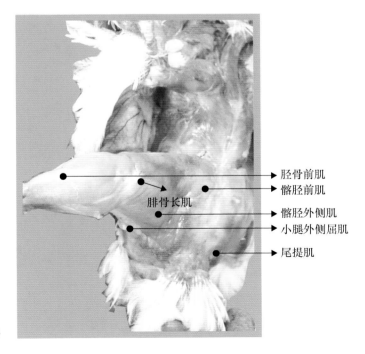

胫骨前肌

髂胫前肌

腓骨长肌

髂胫外侧肌

小腿外侧屈肌

尾提肌

图 4-14　腿肌（1）

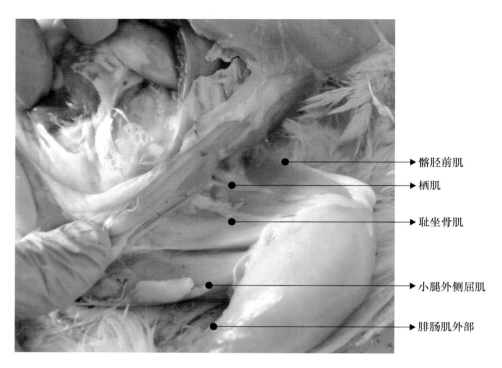

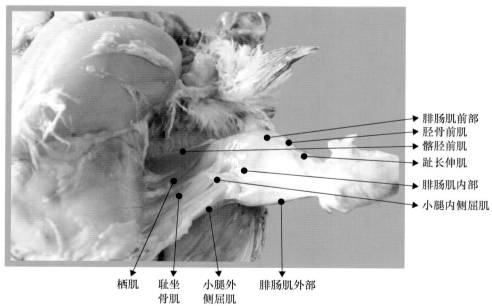

图 4-15　腿肌（2）

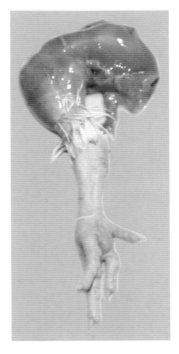

图 4-16　肉鸡腿肌内侧与外侧图

第五章　消化系统

　　鸡的消化系统由口腔、咽、食道、嗉囊、腺胃、肌胃、小肠、盲肠、大肠、直肠、泄殖腔、肛门以及肝、胰等器官组成。

　　口腔及咽：口腔与咽腔无明显分界，合称口咽，没有唇、齿、颊、软腭，上下颌形成喙（采食器具）。上颌有硬腭，中间有腭沟，以腭沟通向鼻孔，其后方有咽鼓管口。口腔顶壁有乳头，咽腔顶壁咽乳头与食管为界，舌乳头为口、咽腔分界。口腔内有舌，分头、体、尾三部分，舌面上有乳头但无味觉乳头，舌味觉很差。咽部黏膜血管丰富，可使大量血液冷却。鸡的唾液腺发达，数量多，位于口腔和咽黏膜下，分泌黏液。

　　食管和嗉囊：鸡食管宽大，富有弹性。分颈段和胸段。颈段长，开始位于气管背侧，后与气管一同偏至颈部右侧皮下，鸡的食管胸腔入口处形成膨大的嗉囊。胸段通过鸣管与肺之间位于心肌和肝的背侧，偏向左与腺胃交接。嗉囊主要起到暂时贮存和软化食物的作用（可以对糖类进行简单的分解）。

　　胃：前部为肌胃，后部为腺胃。①腺胃：又称前胃，位于腹腔的右侧，两肝叶之间，偏背侧，向前经缩窄的贲门与食管相通，向后以峡部与肌胃相接，前胃呈纺锤形，胃壁较厚，黏膜表面的乳头有腺体导管的开口，黏膜层有大量胃腺，腺体分泌胃蛋白酶和盐酸起到消化蛋白质和矿物质的作用。②肌胃：前接腺胃，由右侧幽门通十二指肠，肌层发达，内腔较小；呈椭圆形厚的双凸镜状，位于腹腔偏左，前部腹侧是肝，后方大部接腹底壁；黏膜面被覆一层黄白色的角质膜，易剥离，中药名为鸡内金，主要起到保护胃壁的作用。肌胃不分泌消化液，主要靠肌肉的收缩来磨碎食物。

　　小肠：鸡的肠分为小肠和大肠，全长为体长的 5～6 倍。小肠由十二指肠、空肠、回肠组成，大肠包括盲肠和结直肠。十二指肠起于幽门，向后延伸形成降袢，再折返形成升袢，两袢间为胰，升袢末端可见胰管、肝管和胆管等进入肠腔。空肠由多个肠袢组成，被空肠系膜悬吊于腹腔右侧。空、回肠间有一小突起，称卵黄囊憩室，作为空回肠的交界。小肠黏膜分泌的小肠液含有黏液、肠肽酶、肠脂肪酶、肠激酶及分解糖类的酶。

　　大肠：回肠与盲肠间有韧带相连。盲肠一对，沿回肠两旁向前延伸，可分为颈、体、顶三部分；盲肠颈较细，内有淋巴组织，称盲肠扁桃体；盲肠体较宽。结直肠较短，无明显的结肠。饲料经小肠消化吸收后，由于直肠的蠕动，一部分进入盲肠，盲肠内有大量的微生物，饲料中的粗纤维在微生物的作用下进行发酵，分解成挥发性脂肪酸在盲肠吸收。此外盲肠内的细菌还能合成 B 族维生素和维生素 K。盲肠无消化作用，只吸收水分和无机盐。

泄殖腔：是消化、泌尿和生殖三个系统的共同开口。略呈球形，向后以泄殖孔/肛门开口于外，泄殖腔以黏膜褶分为三部分：粪道、泄殖道和肛道。粪道较宽大，向前与直肠直接相连；泄殖道较短，向前以环形褶与粪道为界，向后以半月形褶与肛道为界，输尿管、输精管/输卵管（一条）开口于背侧；肛道，腔上囊开口于肛道背侧。

肝：较大，肝脏位于腹腔前下部，分左右两叶，右叶略大，上有胆囊，左叶自肝门发出肝管通向十二指肠，右叶肝管注入胆囊，由胆囊发出胆管开口于十二指肠。成年鸡的肝门位于脏面的横窝内，左右各一个。成年鸡的肝脏为淡褐色至红褐色，雏鸡的肝脏为黄褐色。分泌的胆汁排入小肠，参与小肠消化。肝脏分泌的胆汁有少量淀粉酶，胆汁促使脂肪乳化以便肠道吸收，并具有增强胰脂肪酶活性的能力。

胰：胰脏位于十二指肠"U"形祥内，淡黄色或淡红色，长形，分背叶、腹叶和小的脾叶。鸡的脾管有2条，1条来自腹叶，1条来自背叶。所有胰管均与胆管一起开口于十二指肠末端。胰脏分泌的胰液含有蛋白酶、淀粉酶、脂肪酶。

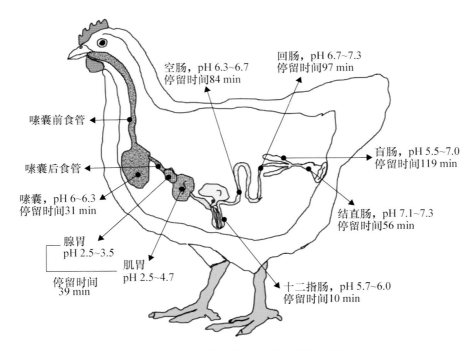

图 5-1　鸡的消化系统与食物在肠道停留时间

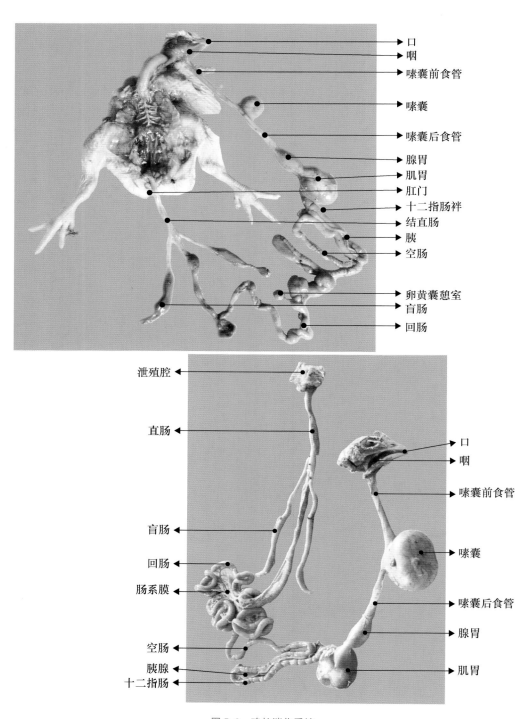

口
咽
嗉囊前食管
嗉囊
嗉囊后食管
腺胃
肌胃
肛门
十二指肠袢
结直肠
胰
空肠
卵黄囊憩室
盲肠
回肠

泄殖腔
直肠
盲肠
回肠
肠系膜
空肠
胰腺
十二指肠

口
咽
嗉囊前食管
嗉囊
嗉囊后食管
腺胃
肌胃

图 5-2　鸡的消化系统

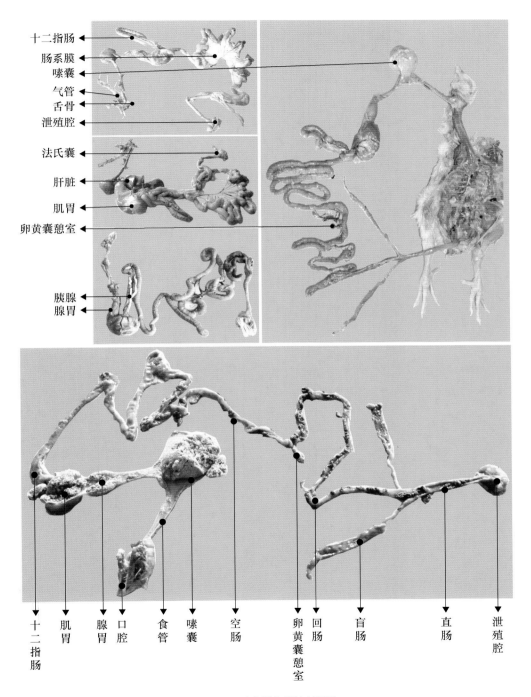

十二指肠
肠系膜
嗉囊
气管
舌骨
泄殖腔

法氏囊
肝脏
肌胃
卵黄囊憩室

胰腺
腺胃

十二指肠
肌胃
腺胃
口腔
食管
嗉囊
空肠
卵黄囊憩室
回肠
盲肠
直肠
泄殖腔

图 5-3　鸡的消化系统剖开图

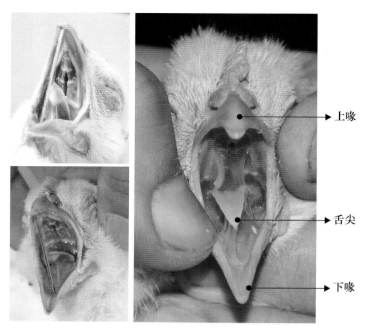

图 5-4　鸡的口腔

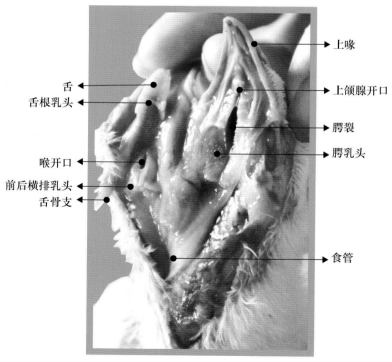

图 5-5　鸡的口咽（1）

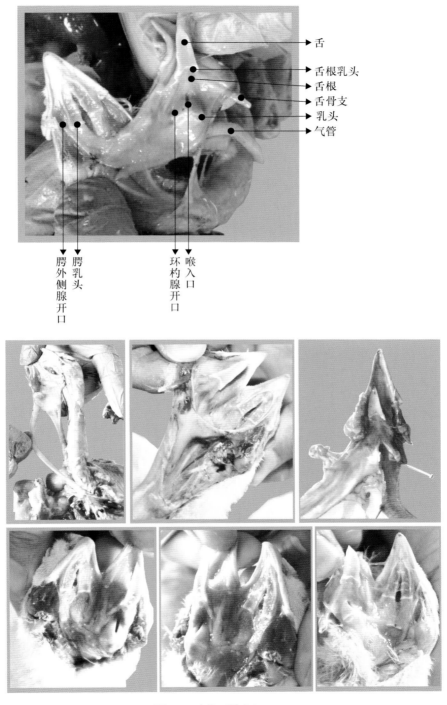

图 5-6　鸡的口咽（2）

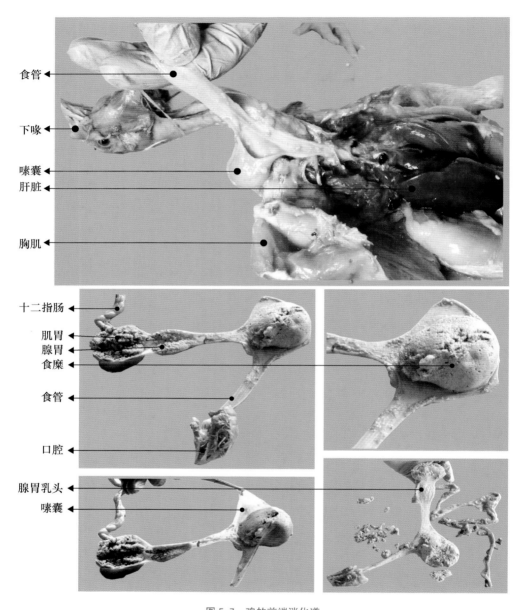

食管

下喙

嗉囊

肝脏

胸肌

十二指肠

肌胃

腺胃

食糜

食管

口腔

腺胃乳头

嗉囊

图 5-7　鸡的前端消化道

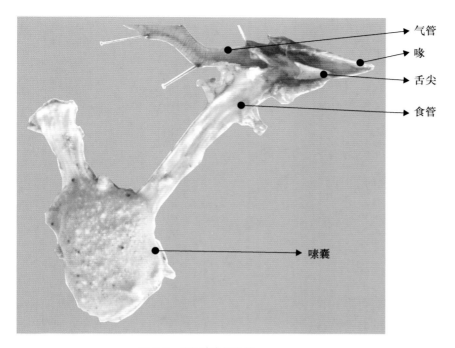

图 5-8　鸡的嗉囊与食管

气管

喙

舌尖

食管

嗉囊

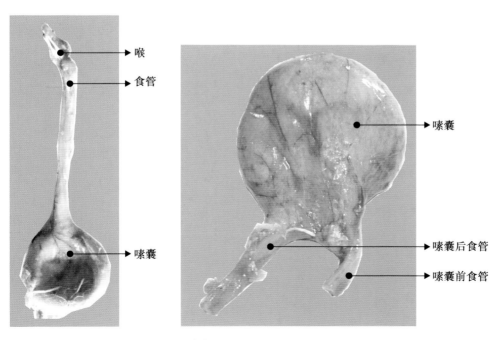

喉

食管

嗉囊

嗉囊

嗉囊后食管

嗉囊前食管

图 5-9　鸡的嗉囊

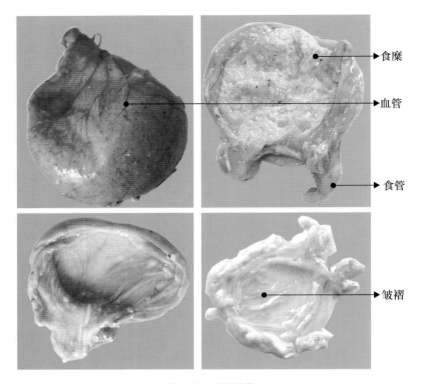

食糜

血管

食管

皱褶

图 5-10　鸡的嗉囊（2）

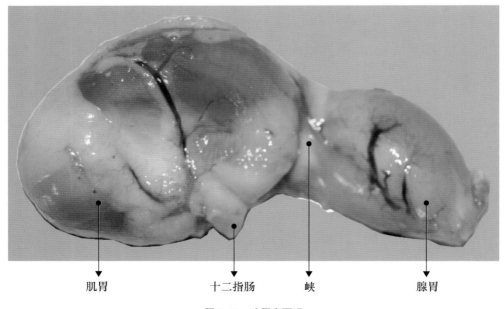

肌胃　　　　　　十二指肠　　　　峡　　　　　　腺胃

图 5-11　鸡胃表面观

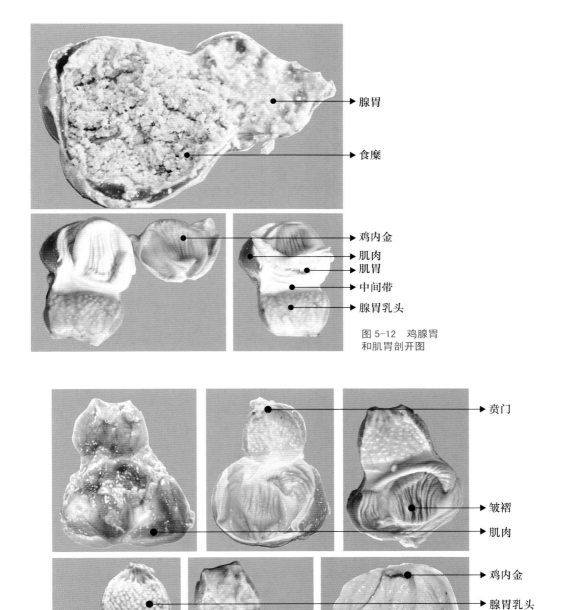

图 5-12　鸡腺胃
和肌胃剖开图

图 5-13　鸡胃剖面图

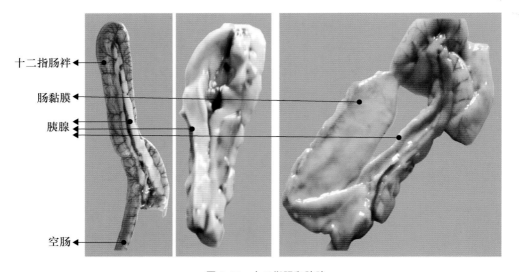

十二指肠袢
肠黏膜
胰腺
空肠

图 5-14 十二指肠和胰腺

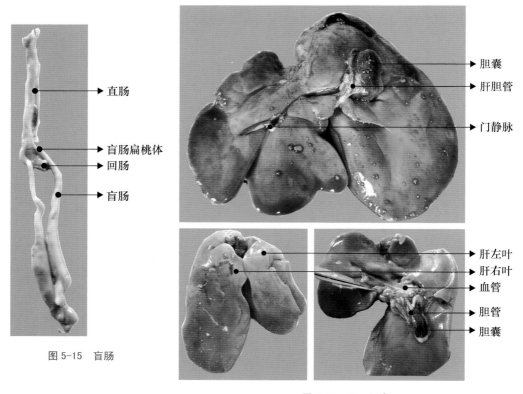

直肠

盲肠扁桃体
回肠
盲肠

图 5-15 盲肠

胆囊
肝胆管

门静脉

肝左叶
肝右叶
血管
胆管
胆囊

图 5-16 肝、胆囊

第六章 呼吸系统

鸡的呼吸系统包括鼻腔、喉、气管、鸣管、支气管、肺和气囊。肺是气体交换器官，气囊具有贮存空气的作用。

鼻腔：由鼻中隔分为左、右两半。内有前、中、后三个鼻甲，眶下窦是唯一的鼻旁窦，呈三角形，位于眼球的前下方，较狭，鸡的鼻孔位于上喙基部，鸡有间质性鼻盖，鼻腔内有鼻甲骨向内弯曲。眼球上方有特殊的鼻腺（位于眶鼻角附近的额骨凹陷处），有导管开口于鼻腔。鼻腔不仅是气体进入的通道，也对进入的空气有清洁、温暖和湿润的作用。

喉：位于舌根后方，与鼻孔相对。喉软骨只有环状和勺状软骨（分4片）两种，被喉肌连接在一起。喉口呈"缝状"开口，鸡喉无声带。

气管：长且粗，由气管环连接而成，沿颈腹侧后行，至心脏背侧分叉，分出左、右两个支气管，分叉处形成鸣管。气管环呈"O"形，互相套叠。

鸣管：鸡的发声器官，位于胸腔入口后方，由后部几个气管软骨环、前部几个支气管环、鸣骨、鸣膜组成。

支气管：经心基上方进入肺门，软骨环呈"C"形。

肺：健康的肺脏为鲜红色，略呈扁平椭圆形或卵圆形，内缘厚，外缘和后缘薄，一般不分叶。位于胸腔背侧部，并嵌入椎肋骨间隙内，肺门位于腹侧面的前部。肺腹侧面被覆有胸膜。支气管进入肺后纵贯全肺，称为初级支气管，后端出肺，通入气囊。从初级支气管分出次级支气管，再从次级支气管上分出三级支气管，相邻三级支气管间吻合。

气囊：是肺内支气管黏膜突出形成的，外被浆膜，它是禽类特有的器官，大部分与许多骨的内腔相通，形成气骨。共9个气囊：1个锁骨间气囊、1对颈气囊、1对前胸气囊、1对后胸气囊、1对腹气囊。气囊的作用是贮存气体、增加空气利用率、减轻体重、调节体温。

胸腔和膈：胸腔被覆被膜，胸膜腔内只有肺。鸡无膈肌，有胸膜与胸气囊壁形成的水平隔，伸于两肺腹侧。胸气囊另与腹膜形成斜隔，将心脏及其大血管等与后方的腹腔内脏隔开。

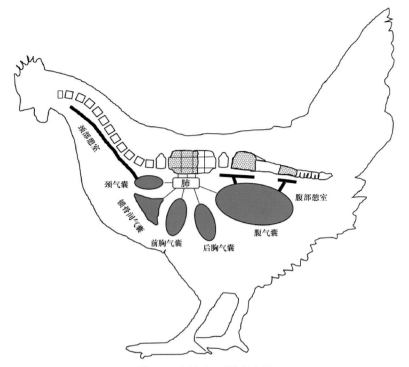

图 6-1　鸡的呼吸系统模式图

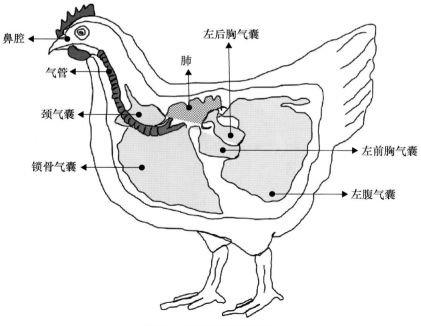

图 6-2　鸡的呼吸系统模式图

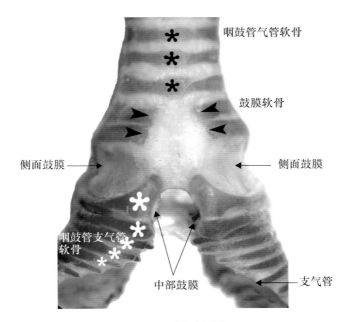

图 6-3　鸣管表面图

[来源：Serkan Erdogan. et.al. Functional Anatomy of the Syrinx of the Chukar Partridge (Galliformes: Alectoris Chukar) as a Model for Phonation Research. The Anatomical Record 298:602－617（2015）]

图 6-4　家禽的气囊和肺系统

d，颈气囊；z，锁骨间气囊；t，前胸气囊；c，后胸气囊；a，腹气囊

[来源：J. N. Maina. Some recent advances on the study and understanding of the functional design of the avian lung: morphological and morphometric perspectives. Biol. Rev.（2002），77, pp. 97－152]

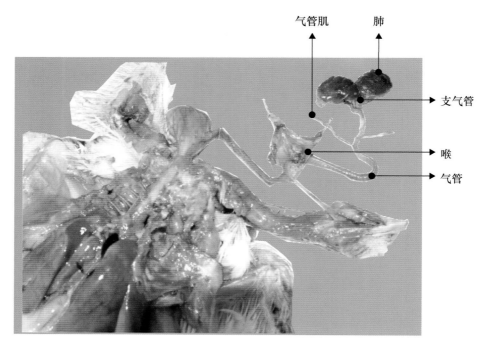

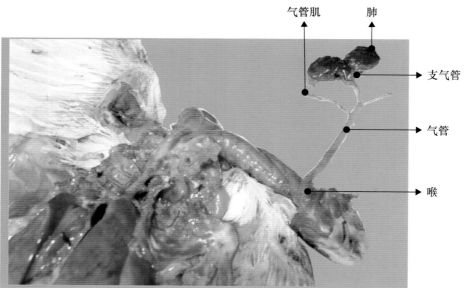

图 6-5　鸡的呼吸系统（1）

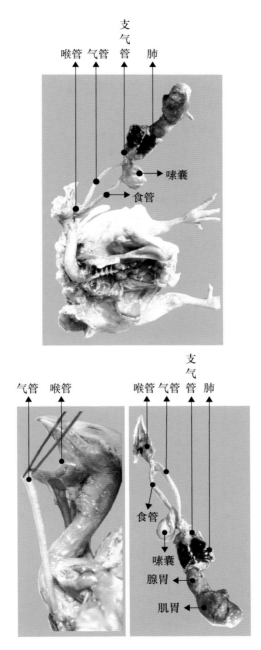

图 6-6　鸡的呼吸系统（2）

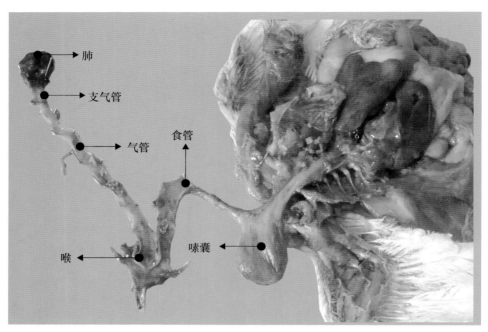

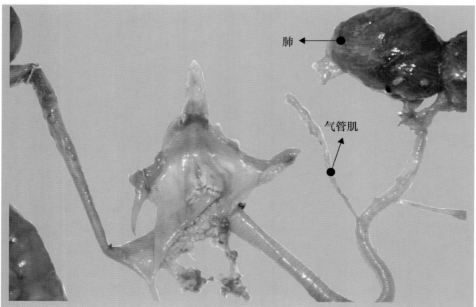

图 6-7　呼吸系统（3）

气管 支气管 肺

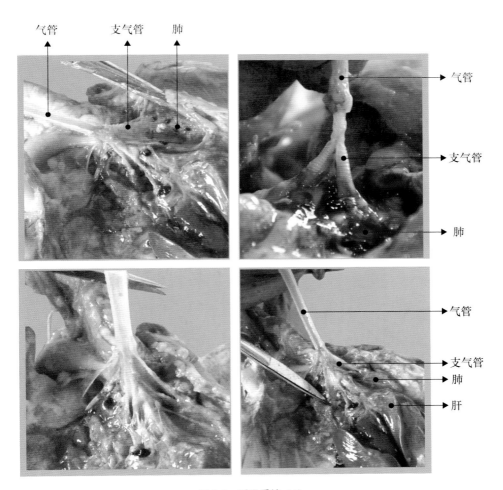

气管

支气管

肺

气管

支气管
肺
肝

图 6-8 呼吸系统（4）

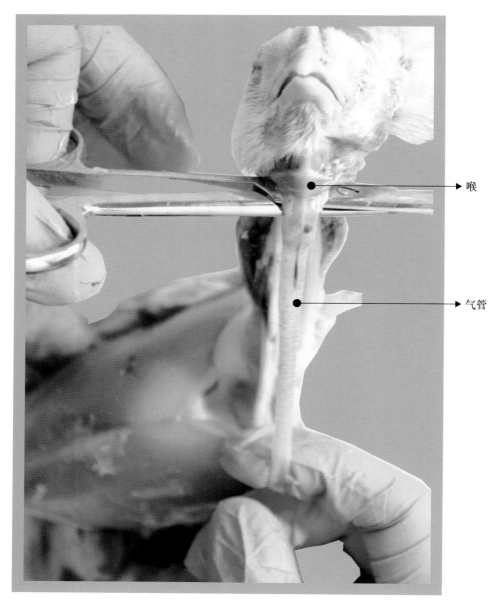

喉

气管

图 6-9　上呼吸道

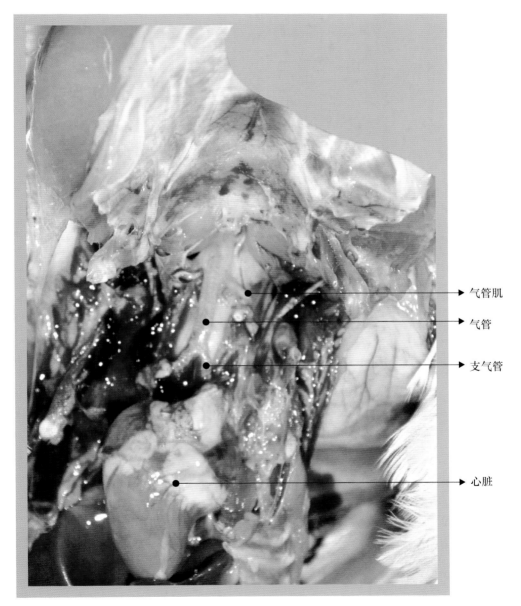

图 6-10　气管（1）

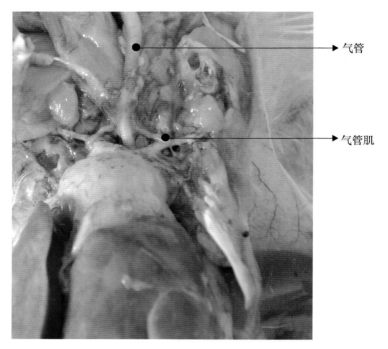

图 6-11　气管（2）

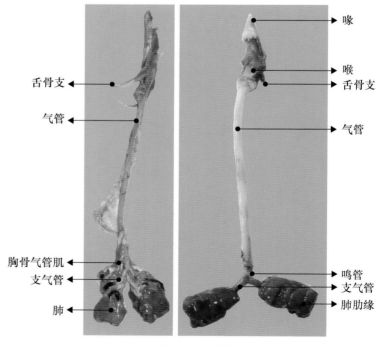

图 6-12　气管与肺（1）

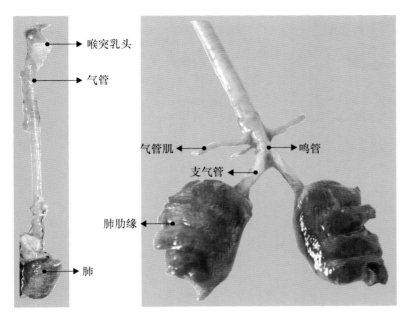

图 6-13　气管与肺（2）

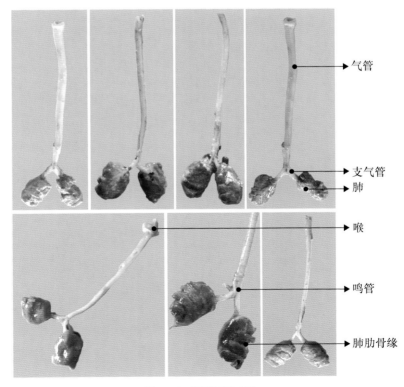

图 6-14　气管与肺（3）

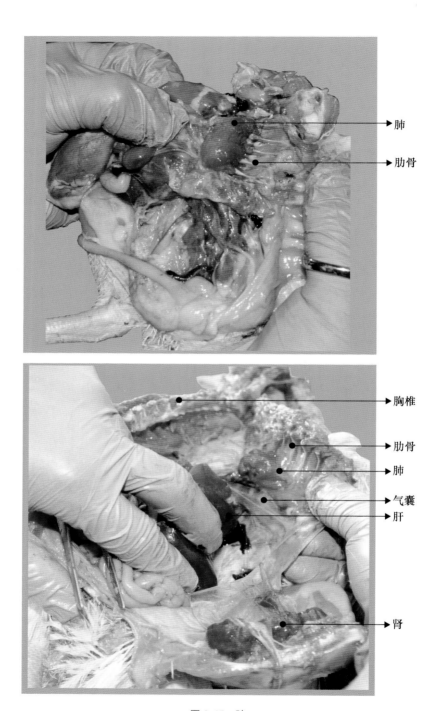

肺

肋骨

胸椎

肋骨

肺

气囊

肝

肾

图 6-15　肺

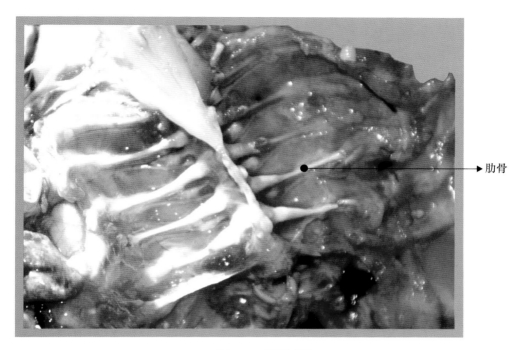

图 6-16　肺所在位置

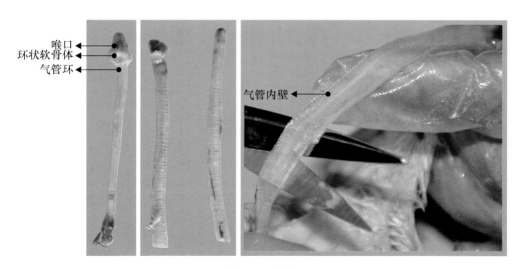

图 6-17　气管

肌肉

肺肋缘

图 6-18　肺

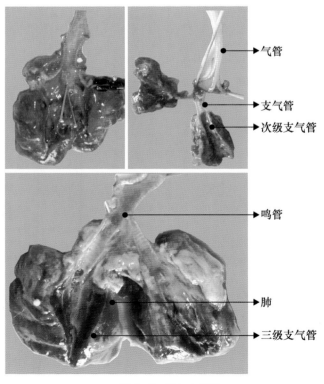

气管

支气管

次级支气管

鸣管

肺

三级支气管

图 6-19　肺与支气管

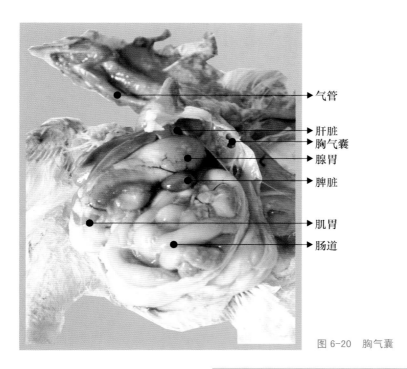

气管

肝脏
胸气囊
腺胃

脾脏

肌胃

肠道

图 6-20　胸气囊

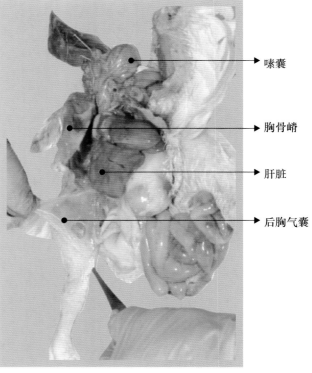

嗉囊

胸骨嵴

肝脏

后胸气囊

图 6-21　气囊（1）

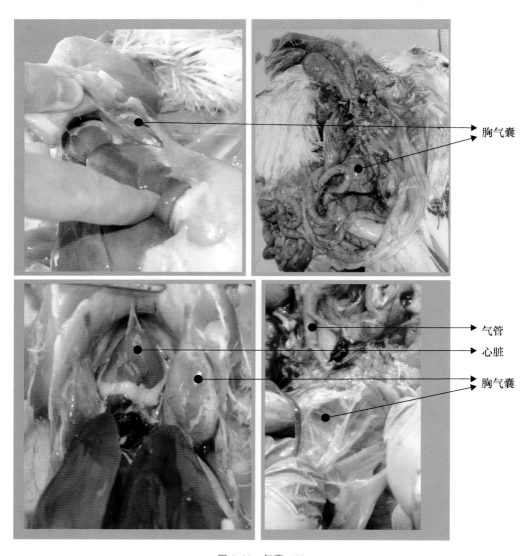

胸气囊

气管
心脏
胸气囊

图 6-22　气囊（2）

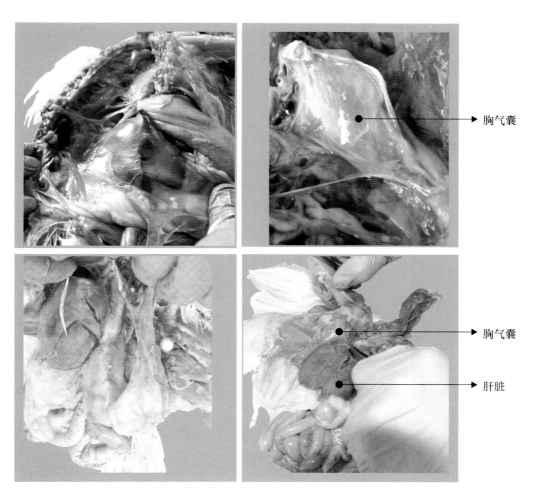

　　　　　　　　　　　　　　　　　　　　　　　　　　　　　　　　　→ 胸气囊

　　　　　　　　　　　　　　　　　　　　　　　　　　　　　　　　　→ 胸气囊

　　　　　　　　　　　　　　　　　　　　　　　　　　　　　　　　　→ 肝脏

图 6-23　气囊（3）

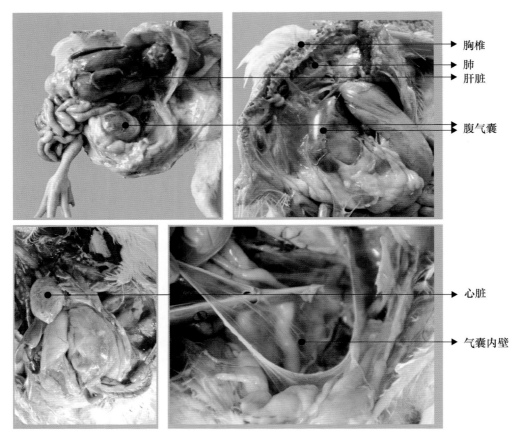

图 6-24　气囊（4）

胸椎

肺

肝脏

腹气囊

心脏

气囊内壁

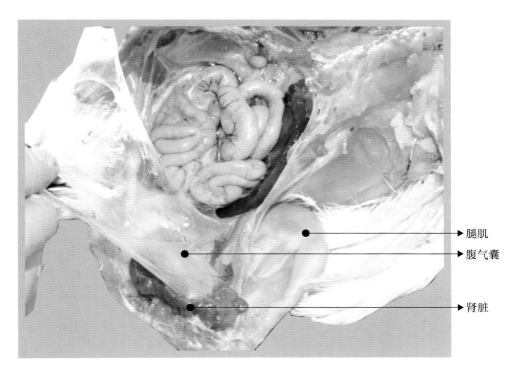

腿肌

腹气囊

肾脏

图 6-25　气囊（5）

第七章　泌尿生殖系统

一、泌尿系统

包括1对肾脏和输尿管。无肾盂、膀胱和尿道，尿在肾脏生成后，经输尿管直接送到泄殖腔，与粪便一起排出。

肾脏： 非常发达，质软而脆，成淡红色至褐红色，位于腰荐骨和髋骨形成的凹陷内。狭长，可据表面浅沟分为前、中、后三叶。周围没有脂肪囊，无肾门，肾的血管和输尿管直接从肾表面进出，肾实质由肾小叶组成，因小叶的深浅不同，所以皮质和髓质无分界。

输尿管： 一对细管，左右两侧输尿管从肾脏中部走出，沿肾脏的腹侧面向后延伸，开口于泄殖腔顶壁的两侧。

二、生殖系统

1. 母鸡生殖系统

由卵巢和输卵管组成。仅左侧生殖器官发育正常，右侧在早期个体发育过程中即停止并退化。

卵巢： 以短小的系膜和结缔组织悬吊于左肾前叶的前部及肾上腺的腹侧，幼鸡为椭圆形。刚孵出的鸡，卵巢表面平坦，此后呈颗粒状。若左侧卵巢退化，右侧卵巢继续发育，往往出现性逆转。左侧卵巢成年时发达，可见不同发育阶段的卵泡（葡萄状），停产期卵巢回缩。鸡卵泡无卵泡腔及卵泡液，排卵后不形成黄体。

输卵管： 刚孵出的幼鸡输卵管为一条细而直、壁很薄的管道，随年龄逐渐增厚、加粗、加长、弯曲。根据输卵管的构造和功能，可顺次分为漏斗部、膨大部、峡部、子宫部、阴道部五部分。漏斗部，获取卵子并将其纳入输卵管内，也是受精的部位，形成卵的系带形成层即系带，蛋黄在此仅停留15 min，性成熟的母鸡长约9 cm。膨大部，分泌蛋白，一般长33 cm，形成的蛋在该部通过约3 h。峡部，相对较窄的部分，通常长10 cm，通过此部位约75 min，内外壳膜在此形成。子宫部，蛋壳在此形成，一般子宫长10～12 cm，形成的蛋在此停留18～20 h，蛋壳外的油质也是子宫分泌的，在产蛋时起润滑作用。阴道部，对蛋的形成无作用，用于交配和储存部分精子。泄殖腔，蛋在产出前的停放处。1个成熟的卵子从开始排卵到形成1个完整的蛋产出，一般需要24～26 h。一般母鸡在产蛋后15～70 min，下一个成熟的卵泡破裂排卵。

2. 公鸡生殖系统

由睾丸、附睾、输精管、交配器组成。

睾丸：位于腹腔内，以短的系膜悬挂在肾前部下方，周围与胸、腹气囊相接触，体表投影在最后两椎肋骨的上部。幼禽的睾丸如米粒大小；成鸡的大小有明显的季节变化，如平时大小在（10～19）mm×（10～15）mm，生殖季节可达（35～60）mm×（25～30）mm；颜色也由黄色转变为淡黄色甚至白色。

附睾：小，呈纺锤形，紧贴在睾丸的背内侧缘。

输精管：一对弯曲的细管，与输尿管并行，向后因壁内平滑肌增多而逐渐加粗，其终部变直后略扩大成纺锤形，埋于泄殖腔壁内；末端形成输精管乳头，突出于输尿管口略下方。鸡的输精管为精子的主要储存处，在生殖季节增长、加粗、弯曲，密度增大，因储存精子而呈乳白色。鸡无副性腺，精清主要由精曲小管的支持细胞、输出管和输精管等的上皮细胞所分泌的物质组成。

交配器：公鸡的交配器不发达，包括位于肛门腹侧唇内侧的三个小阴茎体、一对淋巴褶、位于泄殖道壁内输精管附近的一对泄殖腔旁血管体。

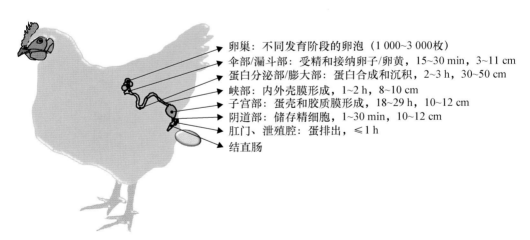

卵巢：不同发育阶段的卵泡（1 000~3 000枚）
伞部/漏斗部：受精和接纳卵子/卵黄，15~30 min，3~11 cm
蛋白分泌部/膨大部：蛋白合成和沉积，2~3 h，30~50 cm
峡部：内外壳膜形成，1~2 h，8~10 cm
子宫部：蛋壳和胶质膜形成，18~29 h，10~12 cm
阴道部：储存精细胞，1~30 min，10~12 cm
肛门、泄殖腔：蛋排出，≤1 h
结直肠

图7-1　母鸡生殖系统

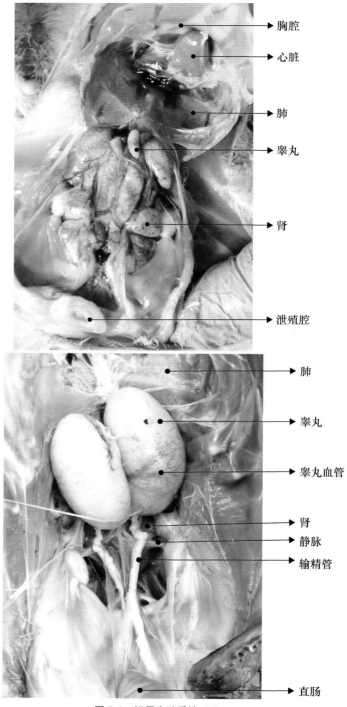

胸腔

心脏

肺

睾丸

肾

泄殖腔

肺

睾丸

睾丸血管

肾

静脉

输精管

直肠

图 7-2　泌尿生殖系统（1）

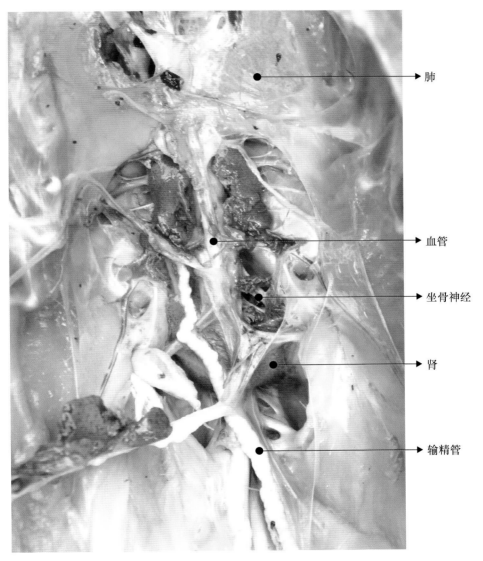

图 7-3　泌尿生殖系统（2）

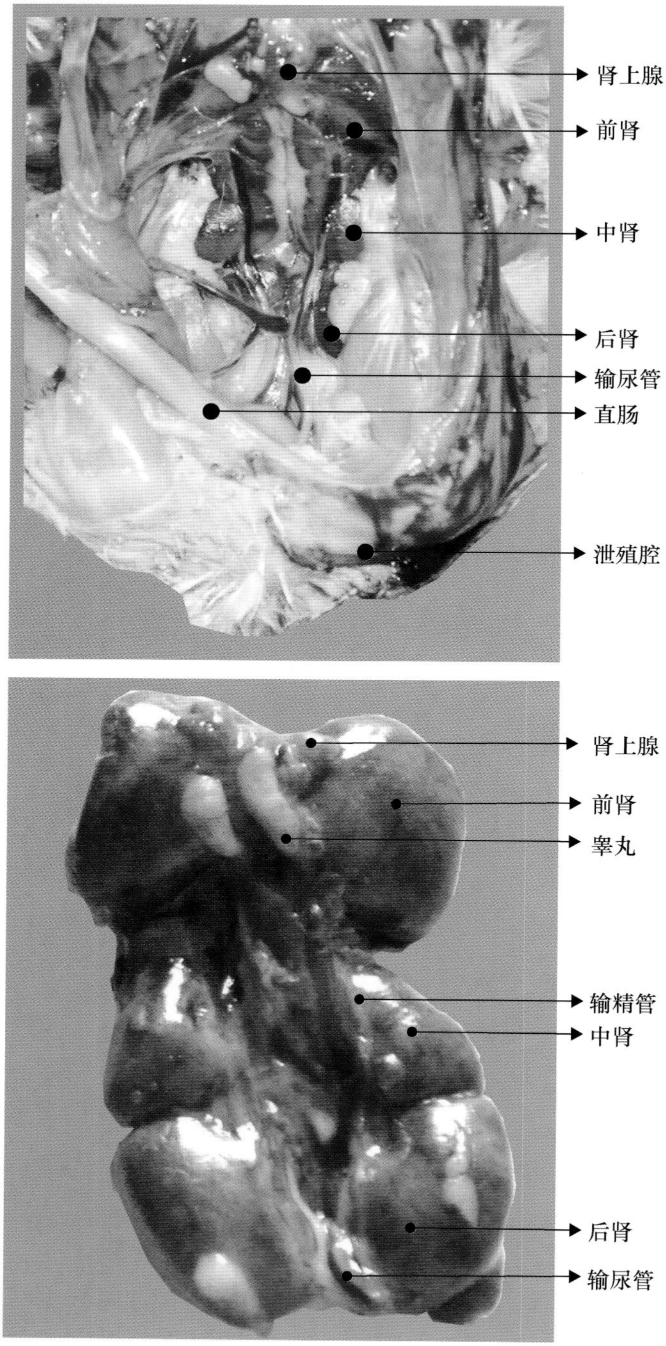
肾上腺
前肾
中肾
后肾
输尿管
直肠
泄殖腔
肾上腺
前肾
睾丸
输精管
中肾
后肾
输尿管

图 7-4　肾

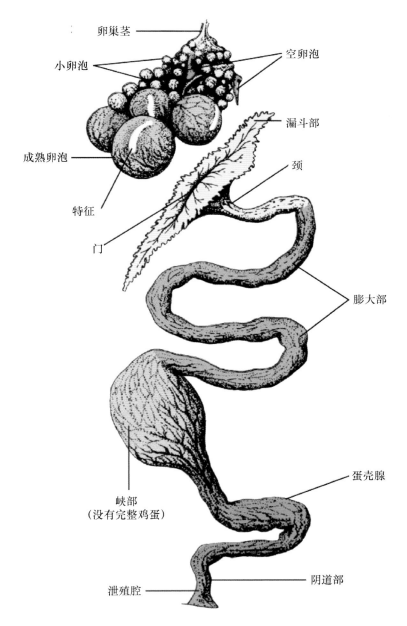

图 7-5 雌性鸡卵巢和输卵管模式图（1）

文献来源：M Osmond;R Bellairs.Atlas of Chick Development,2014:1-6.

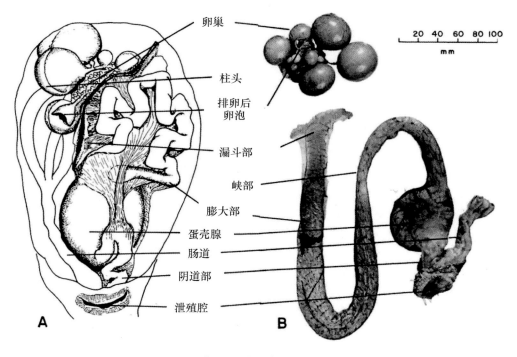

图 7-6　雌性鸡卵巢和输卵管模式图（2）

文献来源：D.P.Froman,J.D.Kirby,J.A.Proudman.Reproduction in Farm Animals,7th Edition.2016:237-257

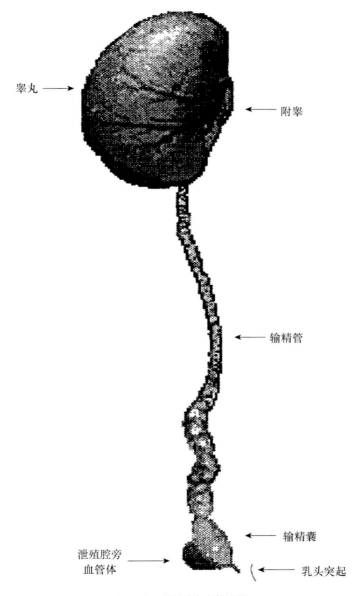

睾丸 ⟶

附睾

输精管

输精囊

泄殖腔旁
血管体 ⟶

乳头突起

图 7-7 雄性鸡睾丸模式图

文献来源：D.P.Froman,J.D.Kirby,J.A.Proudman.Reproduction in Farm Animals,7th Edition.2016:237-257

第八章 心血管系统

鸡心血管系统由心脏和血管组成。

心脏：心脏占体重的相对比例较大，占4%～8%。位于胸腔的腹侧，心基部朝向前背侧，与第1、2肋相对，长轴几乎与体轴平行，夹于肝左、右叶之间。分为左、右心房和左、右心室。右心房有一静脉窦；右房室口上不是三尖瓣，而是一个肌瓣，也无腱索。房室束的右角分出一支到右房室瓣肌，房室束还分出一反支，形成右房室环；房室束及分支外无结缔组织鞘，因此传导速度比哺乳动物快，这与鸡的心搏频率较高有关。

血管：分为动脉血管、毛细血管和静脉血管。翅下静脉常作为采血部位。

动脉：主动脉为右主动脉弓，主动脉分出左右臂头动脉，每一臂头动脉又分为颈总动脉和锁骨下动脉。颈总动脉出胸腔进入颈椎腹侧中线肌肉深部，沿中线并列前行。坐骨动脉一对，较粗，是供应后肢的主要动脉。肾动脉有前、中、后3支。肾前动脉（肾动脉、睾丸、卵巢）直接发自主动脉，坐骨动脉（分出肾中、肾内动脉）至后肢。

静脉：全身体循环静脉汇集两支前腔静脉和一支后腔静脉，开口于右心房的静脉窦。肝门静脉由左右两干进入肝的两叶，由肝的两叶走出，进入后腔静脉。两条颈静脉位于皮下，沿气管两侧延伸，右颈静脉较粗。前腔静脉1对。两髂内静脉间有一短的吻合支，由此向前延为肾后静脉，其向前与股静脉延续而来的髂外静脉汇合成髂总静脉，两侧髂总静脉合成后腔静脉。肾门静脉在髂总静脉注入处有肾门静脉瓣。在两髂内静脉吻合处有一肠系膜后静脉。

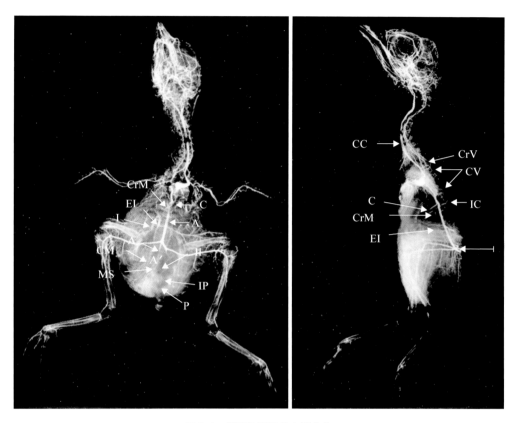

图 8-1　刚出生雏鸡的血管分布

A，主动脉；A′，主动脉外的延续；C，腹腔动脉；CC，颈总动脉；CM，肠系膜后动脉；Crm，肠系膜前动脉；CrV，椎前动脉；CV，椎后动脉；EI，髂外动脉；I，坐骨动脉；IC，第6肋动脉；II，髂内动脉；IP，阴内动脉；MS，骶骨中动脉；P，会阴动脉。

［来源：E. Mark Levinsohn et al. Arterial Anatomy of Chicken Embryo and Hatchling. The American Journal of Anatomy. 169:377-405 (1984)］

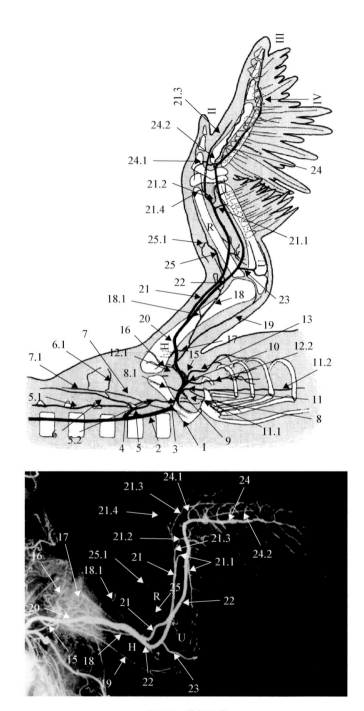

图 8-2 翼部动脉

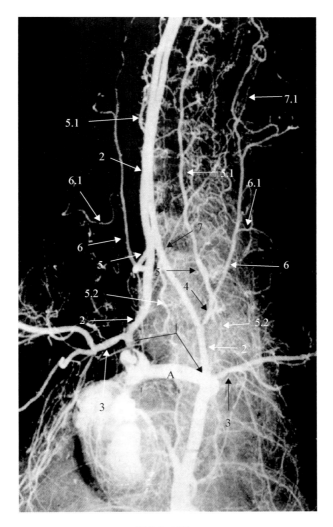

图 8-2（续）

A，动脉；H，肱骨；R，桡骨；U，尺骨；Ⅰ～Ⅳ，指骨；1，臂头动脉；2，颈总动脉；3，锁骨下动脉；4，背动脉；5，椎动脉；5.1，椎前动脉；5.2，椎后动脉；6，颈后动脉；6.1，颈外侧动脉；7，食管支动脉；7.1，食管升动脉；8，喙突动脉；8.1，锁骨动脉；9，胸干；10，腋动脉；11，胸内动脉；11.1，胸内动脉腹支；11.2，胸内动脉背支；12，胸外动脉；12.1，胸外动脉前支；12.2，胸外动脉后支；13，胸背动脉；14，肩胛下动脉；15，臂深动脉；16，肱骨旋绕前动脉；17，肱骨旋绕后动脉；18，桡骨侧枝动脉；18.1，基部桡骨侧枝动脉；19，尺骨侧枝动脉；20，臂动脉；21，桡骨动脉；21.1，桡骨近尾支动脉；21.2，到尺骨营养动脉；21.3，前部末端桡骨动脉；21.4，第二指分支；22，尺骨动脉；23，肘动脉；24，掌动脉；24.1，桡骨掌侧动脉；24.2，第三指动脉；25，翼膜动脉；26，前部翼膜分支

[来源：E. Mark Levinsohn et al. Arterial Anatomy of Chicken Embryo and Hatchling. The American Journal of Anatomy. 169:377-405 (1984)]

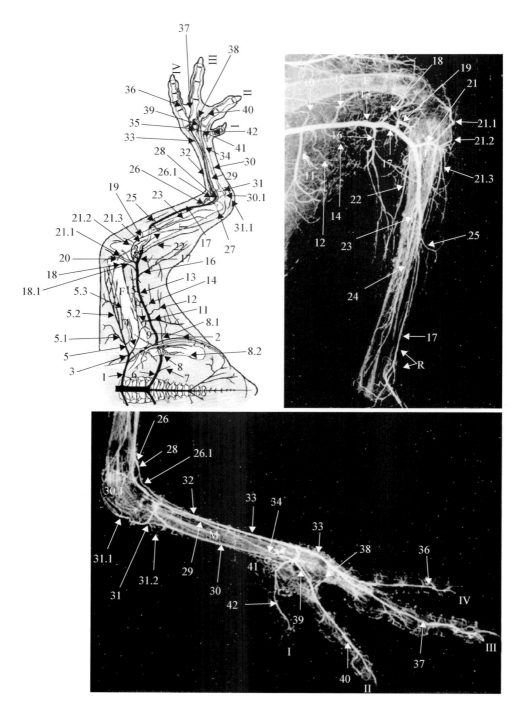

图 8-3　腹腔及腿部动脉

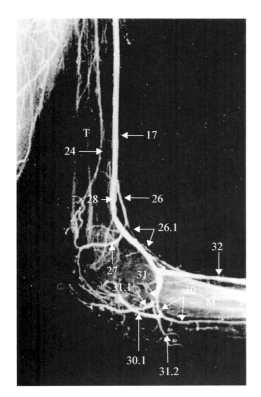
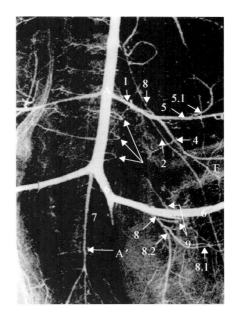

图 8-3（续）

　　A′，主动脉外侧延续坐骨动脉；M，中（跖）骨；F，股骨；T，胫骨；R，胫骨动脉网；A，动脉；L，腰动脉；Ⅰ～Ⅳ，趾骨；1，髂外动脉；2，骨盆内侧动脉；3，臀前动脉；4，股动脉；5，股骨旋绕动脉；5.1，前部分支；5.2，中部分支；5.3，后部分支；6，坐骨动脉；7，卵黄动脉；8，臀后动脉；8.1，末端分支（外侧支）；8.2，尾端分支（中部分支）；9，转动脉；10，股骨上营养动脉；11，股深动脉；12，股尾动脉；13，腘动脉；14，与神经并行的坐骨动脉；15，股中营养动脉；16，胫尾动脉；17，胫前动脉；18，股内营养动脉；18.1，膝支分支；19，胫中动脉；20，膝最上动脉；21，腓动脉；21.1，关节分支；21.2，横断面分支；21.3，降段分支；22，胫支动脉；23，腓骨支动脉；24，胫外侧动脉；25，前端重复胫动脉；26，跗骨外侧动脉；26.1，降支；27，外侧重复胫动脉；28，跗中动脉；29，足背动脉升支；30，尾中部跖动脉；31，尾外侧跖动脉；31.1，尾中部近升支；31.2，尾中部远支；32，足背动脉；33，前侧支跖动脉；34，前中支跖动脉；35，穿孔跖动脉；36，外侧趾动脉；37，中部趾动脉；38，外侧跖肌跖动脉；39，中部跖肌跖动脉；40，第二趾动脉；41，内侧跖肌跖动脉；42，第一趾动脉

　　［来源：E. Mark Levinsohn et al. Arterial Anatomy of Chicken Embryo and Hatchling. The American Journal of Anatomy. 169:377-405 (1984)］

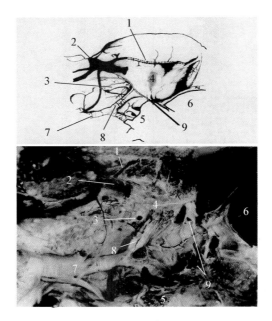

图 8-4　肺部血管（1）

1.胸阔内静脉；2.前腔静脉；3.肺动脉；4.肺；5.心脏；6.肝；7.气管；8.支气管；9.肺静脉

[来源：R. E. Burger. Pulmonary Circulation-Vertebral Venous Interconnections in the Chicken. The Anatomical Record. 1977. 188: 38-44]

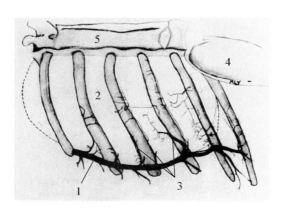

图 8-5　肺部血管（2）

1.胸阔内静脉；2.肺；3.肋间静脉；4.髂骨；5.椎骨

[来源：R. E. Burger. Pulmonary Circulation-Vertebral Venous Interconnections in the Chicken. The Anatomical Record. 1977. 188: 38-44]

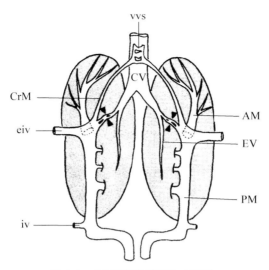

图 8-6　中肾门静脉系统图（背面）

AM，中肾前部门静脉；CrM，中肾头部门静脉；CV，后腔静脉；eiv，髂外静脉；EV，后肾传出静脉系统；iv，坐骨静脉；PM，中肾后部门静脉；vvs，椎静脉窦

［来源：Ana Carretero et al.(1997). Afferent Portal Venous System in the Mesonephros and Metanephros of Chick Embryos: Development and Degeneration. The Anatomical Record, 247:63-70］

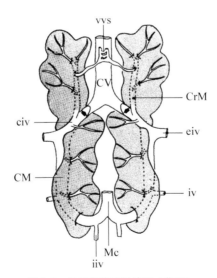

图 8-7　后肾门静脉系统图（背面）

civ，髂总静脉；CM，后肾尾部门静脉；CrM，后肾前部门静脉；CV，后腔静脉；eiv，髂外静脉；iiv，髂内静脉；iv，坐骨静脉；Mc，肠系膜后静脉；vvs，椎静脉窦；箭头代表肾门静脉瓣

［来源：Ana Carretero et al(1997). Afferent Portal Venous System in the Mesonephros and Metanephros of Chick Embryos: Development and Degeneration. The Anatomical Record, 247:63-70］

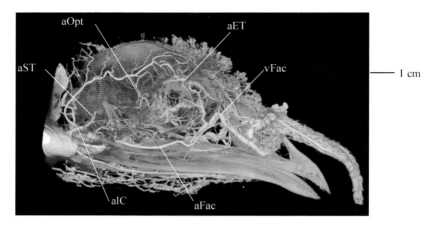

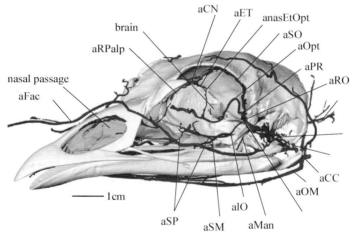

图 8-8　头部动脉血管

aCC，颈总动脉；aCerC，颈脑动脉；aCLatNas，鼻外侧尾部动脉；aCMedNas，鼻内侧尾部动脉；aCN，鼻总动脉；aCPlex，鼻后孔周围神经丛；aCVNas，鼻腹侧尾部动脉；aEC，颈外动脉；aET，ethmoid artery，筛前动脉；aFac，面动脉；aIC，颈内动脉；aIO，眶下动脉；aLatNas，鼻外侧动脉；aLPal，lateral palatine artery，腭外侧动脉；aMan，下颌内动脉；aMax，上颌动脉；aMedNas，鼻内侧动脉；aMPal，腭内侧动脉；Anas，接合；aNas，鼻动脉；anasEtOpt，筛动脉 - 颞眼动脉吻合支；anasRORA，RO- 喙耳动脉吻合支；anasROSM，RO- 蝶上颌动脉吻合支；aOC，枕动脉；aOM，眼颌动脉；aOpt，颞眼动脉；aOrbit，眶动脉；aPal，腭动脉；aPalM，腭中动脉；aPM，腭上颌动脉；aPR，深动脉；aRA，喙耳动脉 / 耳网；aRLatNas，鼻喙外侧动脉；aRMedNas，鼻喙内侧动脉；aRO，动脉网眼；aRPalp，睑喙动脉；aRVNas，鼻喙腹侧动脉；aSM，蝶上颌动脉；aSO，眶上动脉；aSP，蝶腭动脉；aST，镫骨动脉；aTO，颞眶动脉；gNas，鼻腺；iJug，颞突吻合支；PalPlex，上颚丛；RO，网眼；sCav，海绵窦；sDL，纵背侧窦；sOC，枕窦。

[来源：Porter, W. R., & Witmer, L. M. (2016). Avian cephalic vascular anatomy, sites of thermal exchange, and the rete ophthalmicum. The Anatomical Record, n/a-n/a, doi:10.1002/ar.23375]

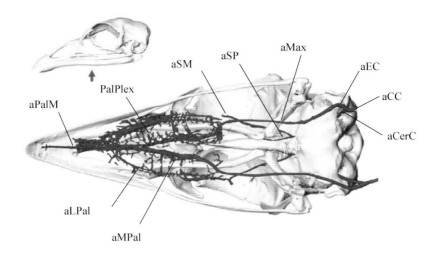

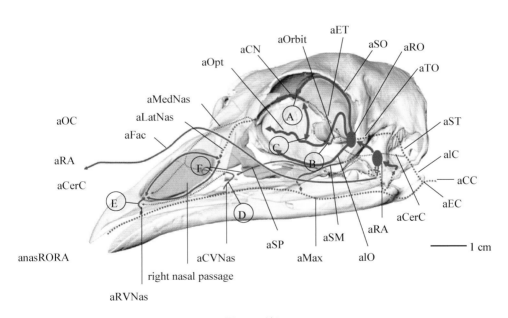

图 8-8（续）

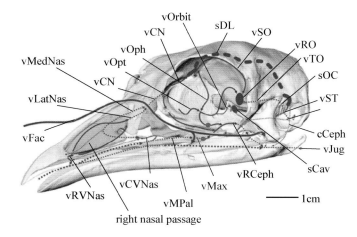

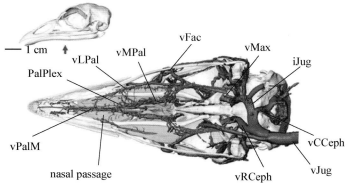

图 8-9　火鸡头部静脉

vCCeph，头尾静脉；vCerC，脑颈静脉；vCN，鼻总静脉；vCVNas，鼻尾部腹侧静脉；vDPalp，睑背侧静脉；vFac，面静脉；vIO，眶下静脉；vJug，颈静脉；vLatNas，鼻外侧静脉；vLPal，腭侧静脉；vMan，下颌静脉；vMax，上颌静脉；vMedNas，鼻内侧静脉；vMPal，腭内侧静脉；vOM，眼颌静脉；vOph，眼静脉；vOpt，眼颞静脉；vOrbit，眶静脉；vPalM，腭中静脉；vPO，眶后静脉；vPR，深静脉；vRA，喙耳静脉/耳网；vRCeph，头喙静脉；vRPalp，睑喙静脉；vRVNas，鼻喙腹侧静脉；vRO，眼静脉网；vSO，眶上静脉；vSP，颚上静脉；vST，镫骨静脉；vTM，颞颌静脉；vTO，颞眼静脉

[来源：Porter, W.R., & Witmer, L.M. (2016). Avian cephalic vascular anatomy, sites of thermal exchange, and the rete ophthalmicum. The Anatomical Record, n/a-n/a, doi:10.1002/ar.23375]

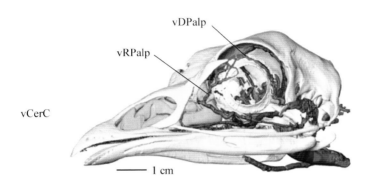

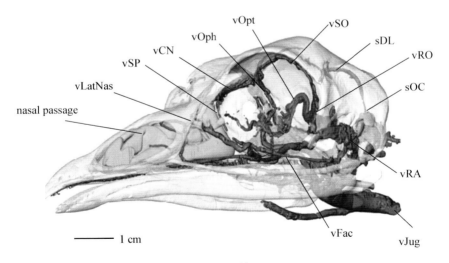

图 8-9（续）

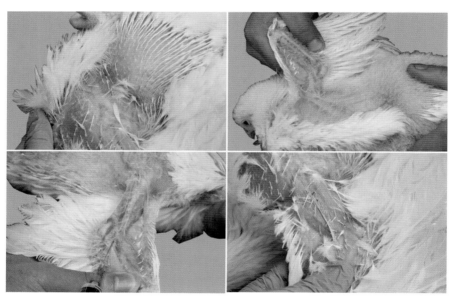

图 8-10　皮肤静脉血管

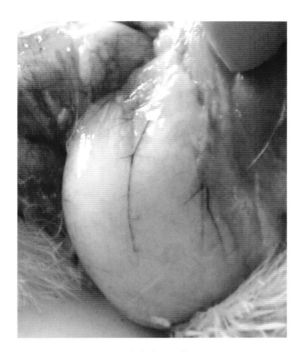

图 8-11　嗉囊表面血管

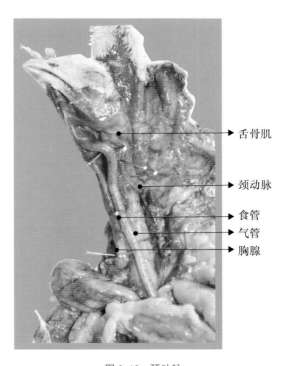

舌骨肌

颈动脉

食管

气管

胸腺

图 8-12　颈动脉

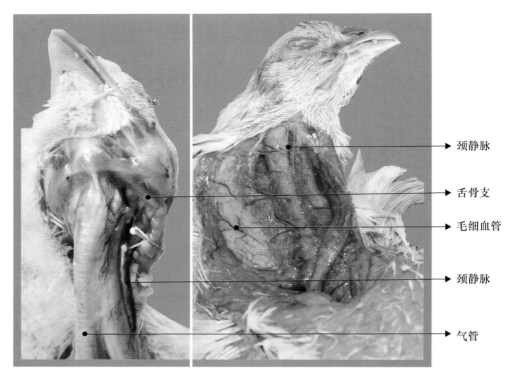

图 8-13　颈静脉和皮下毛细血管

颈静脉

舌骨支

毛细血管

颈静脉

气管

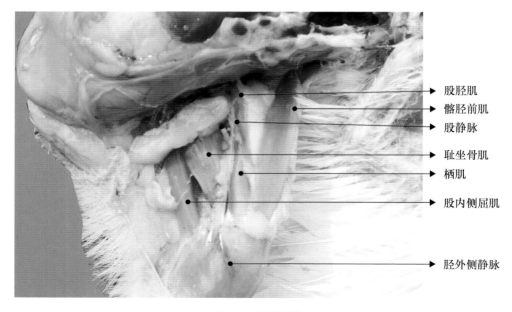

图 8-14　腿部血管

股胫肌

髂胫前肌

股静脉

耻坐骨肌

栖肌

股内侧屈肌

胫外侧静脉

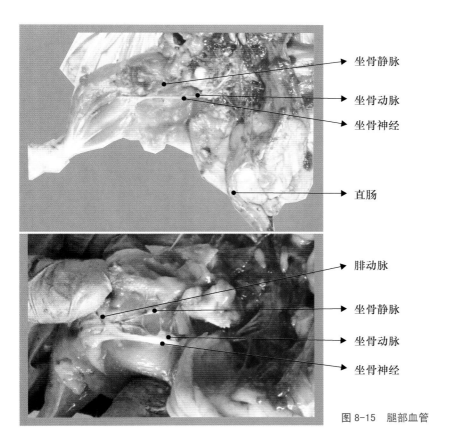

坐骨静脉

坐骨动脉

坐骨神经

直肠

腓动脉

坐骨静脉

坐骨动脉

坐骨神经

图 8-15　腿部血管

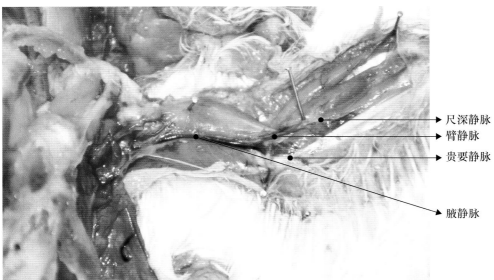

尺深静脉

臂静脉

贵要静脉

腋静脉

图 8-16　翼部血管

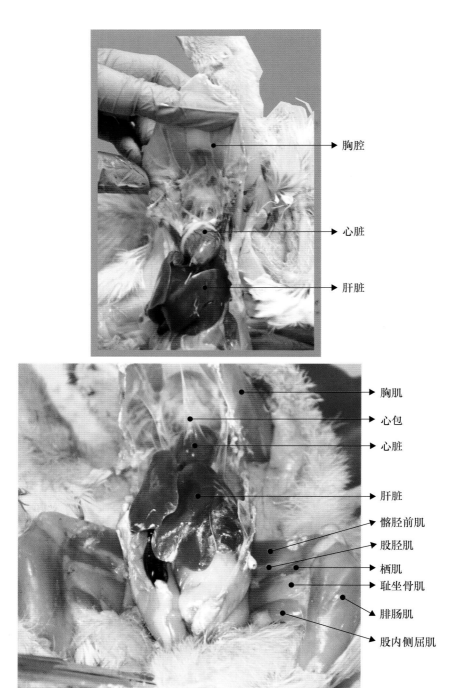

图 8-17　心脏（1）

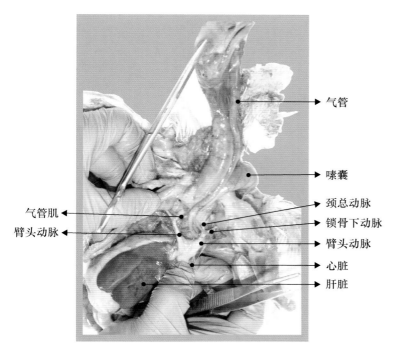

图 8-18　心脏（2）

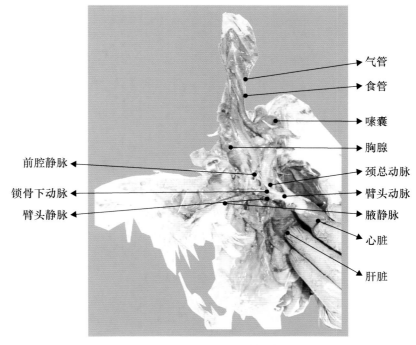

图 8-19　血管分布

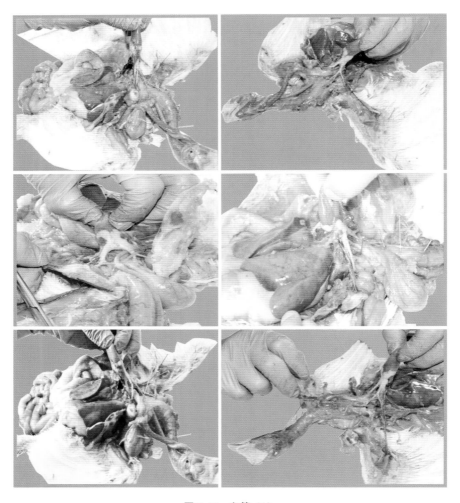

图 8-20 血管（1）

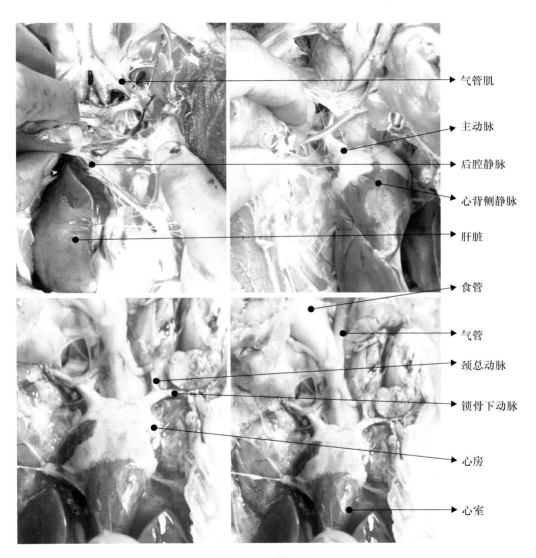

图 8-21　血管（2）

气管肌

主动脉

后腔静脉

心背侧静脉

肝脏

食管

气管

颈总动脉

锁骨下动脉

心房

心室

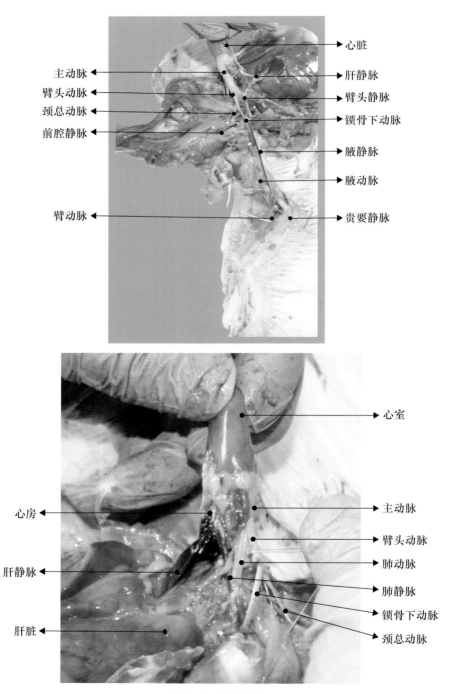

主动脉

臂头动脉

颈总动脉

前腔静脉

臂动脉

心脏

肝静脉

臂头静脉

锁骨下动脉

腋静脉

腋动脉

贵要静脉

心室

心房

主动脉

臂头动脉

肝静脉

肺动脉

肺静脉

锁骨下动脉

肝脏

颈总动脉

图 8-22　血管（3）

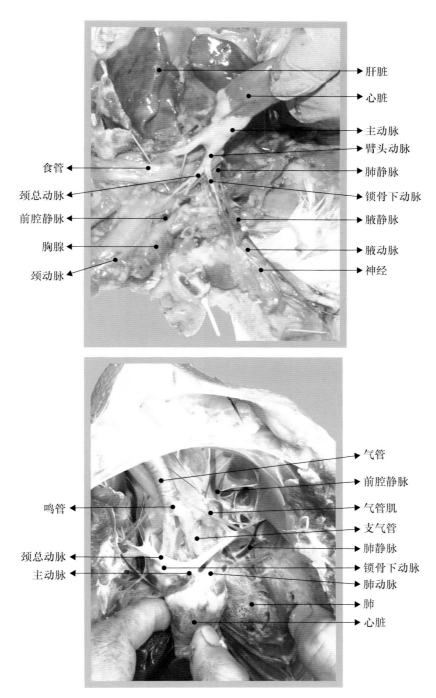

图 8-23　血管（4）

肝脏

心脏

主动脉

臂头动脉

肺静脉

锁骨下动脉

腋静脉

腋动脉

神经

食管

颈总动脉

前腔静脉

胸腺

颈动脉

气管

前腔静脉

气管肌

支气管

肺静脉

锁骨下动脉

肺动脉

肺

心脏

鸣管

颈总动脉

主动脉

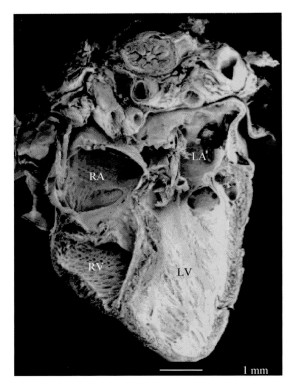

图 8-24 19 胚龄鸡心脏

RA，右心房；LA，左心房；RV，右心室；LV，左心室

[来源：Sedmera, D., Pexieder, T., Vuillemin, M., Thompson, R.P., & Anderson, R.H. (2000). Developmental patterning of the myocardium. The Anatomical Record, 258(4), 318-337, doi:10.1002/(SICI)1097-0185(20000401)258:4<319::AID-AR1>3.0.CO;2-0]

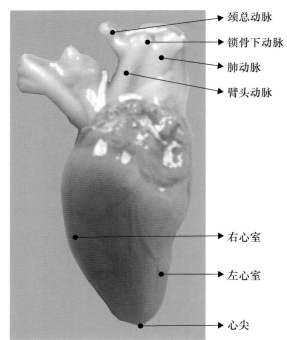

颈总动脉

锁骨下动脉

肺动脉

臂头动脉

右心室

左心室

心尖

图 8-25　心脏（1）

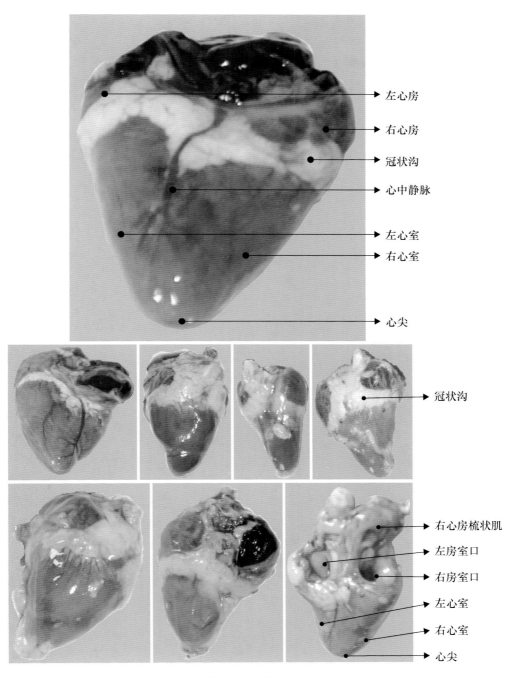

左心房

右心房

冠状沟

心中静脉

左心室

右心室

心尖

冠状沟

右心房梳状肌

左房室口

右房室口

左心室

右心室

心尖

图 8-26　心脏（2）

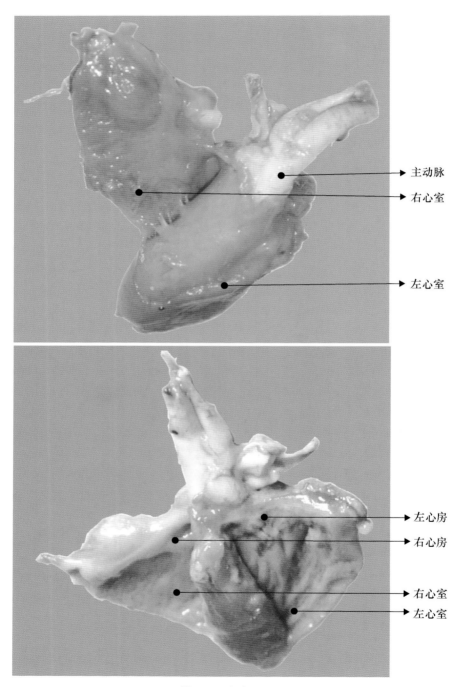

图 8-27 心脏（3）

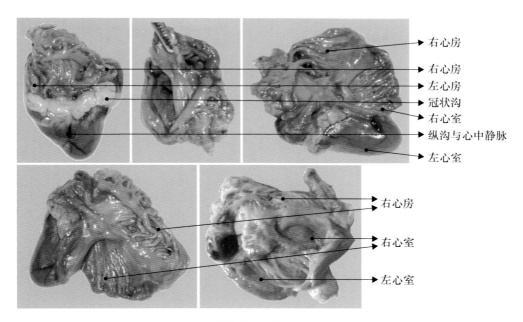

右心房
右心房
左心房
冠状沟
右心室
纵沟与心中静脉
左心室

右心房
右心室
左心室

图 8-28　心脏（4）

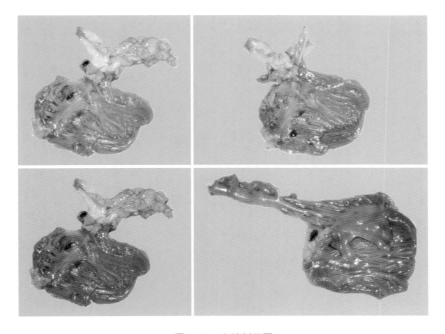

图 8-29　心脏剖开图

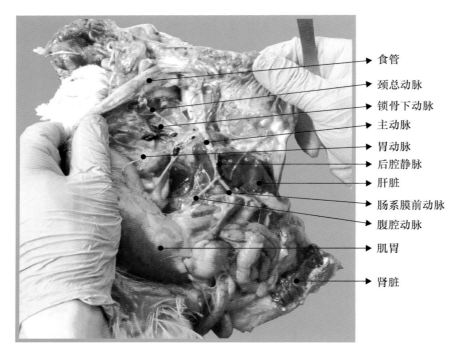

图 8-30　主动脉分支

食管
颈总动脉
锁骨下动脉
主动脉
胃动脉
后腔静脉
肝脏
肠系膜前动脉
腹腔动脉
肌胃
肾脏

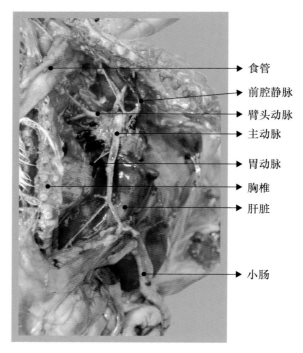

食管
前腔静脉
臂头动脉
主动脉
胃动脉
胸椎
肝脏
小肠

图 8-31　动脉血管

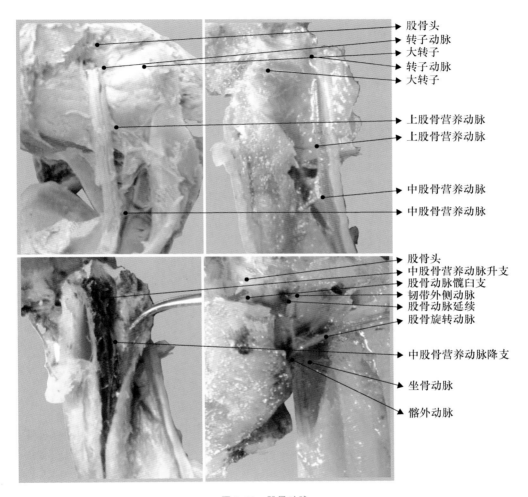

图 8-32 股骨动脉

[来源：Jianzhong Xu. et al. Blood Supply to the Chicken Femoral Head. Comparative Medicine，60(4)，295－299，2010]

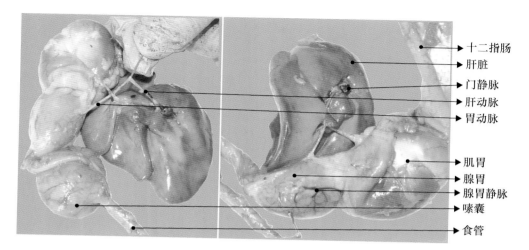

十二指肠
肝脏
门静脉
肝动脉
胃动脉

肌胃
腺胃
腺胃静脉
嗉囊
食管

图 8-33　肝脏与胃部血管

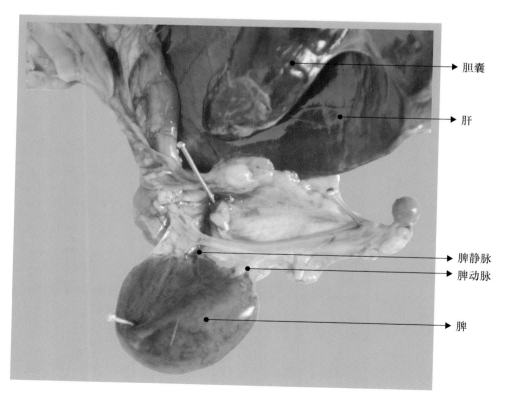

胆囊

肝

脾静脉
脾动脉

脾

图 8-34　肝脏血管（1）

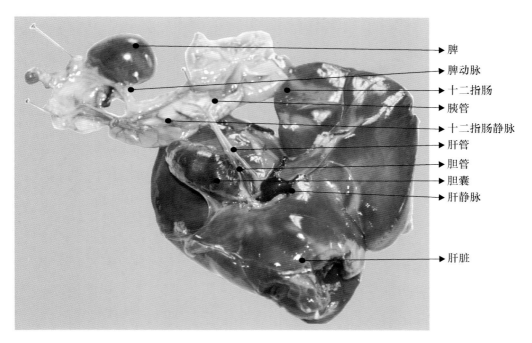

脾
脾动脉
十二指肠
胰管
十二指肠静脉
肝管
胆管
胆囊
肝静脉
肝脏

图 8-35　肝脏血管（2）

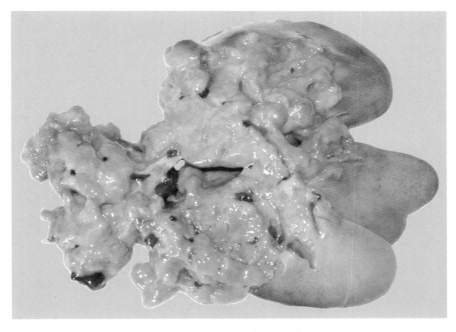

图 8-36　肝内部剖开血管

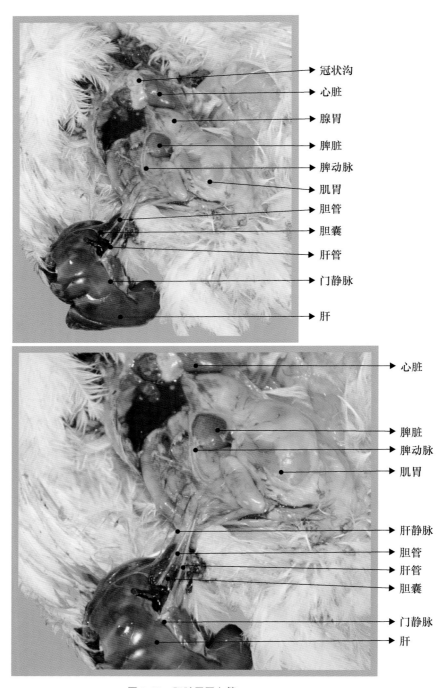

冠状沟
心脏
腺胃
脾脏
脾动脉
肌胃
胆管
胆囊
肝管
门静脉
肝

心脏
脾脏
脾动脉
肌胃
肝静脉
胆管
肝管
胆囊
门静脉
肝

图 8-37　肝脏周围血管

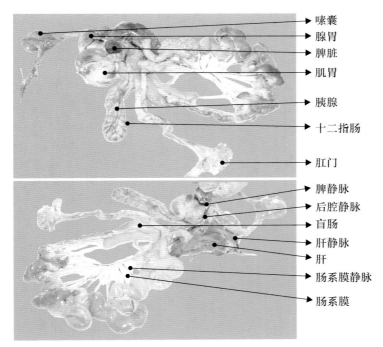

图 8-38　肠系膜静脉

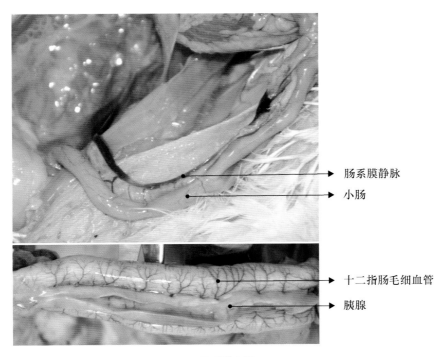

图 8-39　肠系膜血管

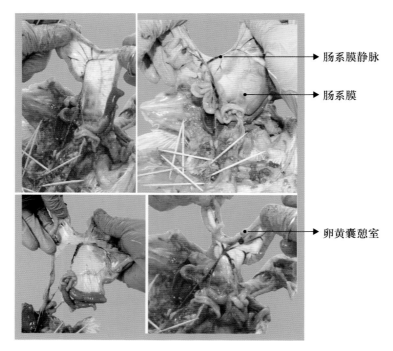

图 8-40　肠系膜静脉

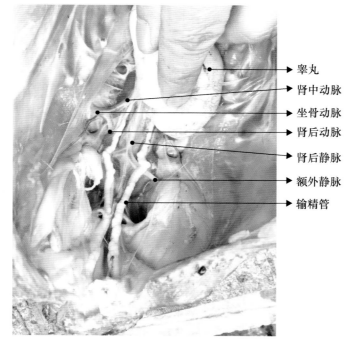

图 8-41　肾周围血管

第九章　神经系统

一、中枢神经系统

1.脊髓

脊髓延伸于椎管全长，无马尾。腰膨大的背侧有一菱形窦，内充满胶状质。

2.脑

大脑半球不发达，无沟回。纹状体明显。小脑蚓部明显，缺半球，有1对绒球。脑两侧有发达的视顶盖(中脑丘)。嗅脑不发达。阴部神经丛是由第31～34对脊神经的腹侧支形成的，其分支向后行，分布于尾腹侧肌肉、泄殖腔和肛门肌肉，以及此部的皮肤等。

二、外周神经系统

1.脊神经

臂神经丛由自颈膨大发出的4对脊神经的腹侧支形成。其分支到前肢和胸部肌肉。腰荐部8对脊神经的腹侧支形成腰荐神经丛，分布于后肢和盆部。

2.脑神经

12对。三叉神经最发达。副神经有明显的根，但无独立分支。嗅神经不甚发达，集合成一小支，鸡无终神经和犁鼻神经。面神经不发达。

3.植物性神经

（1）交感神经系统　有交感干1对。颈部交感干位于横突管内，与椎动脉伴行，与每个颈神经交叉处均有一神经节。胸部交感干为双节间支。沿肠的系膜缘有肠神经。

（2）副交感神经　分为头、荐两部。但以迷走神经为主。迷走神经较粗，根部有近神经节；由颈静脉孔出颅腔后，伴随颈静脉向下行，在胸腔入口处甲状腺附近具有远神经节，即结状节；在此以后分出返神经折向上行，分支于气管和食管，而与舌咽神经的食管降支相连接。迷走神经在分出返神经后，分出肺丛和心丛；然后左右两神经在腺胃处汇合而成迷走神经总干，除分支于胃、肝、胰、脾外，分叉后进入腹腔节。迷走神经在十二指肠后端也有分支加入肠神经。荐部副交感神经形成盆神经，加入阴部丛，由其分出阴部神经；节后纤维分布于盆腔器官，包括输尿管、输精管、输卵管和泄殖腔等。阴部丛也有纤维加入肠神经。

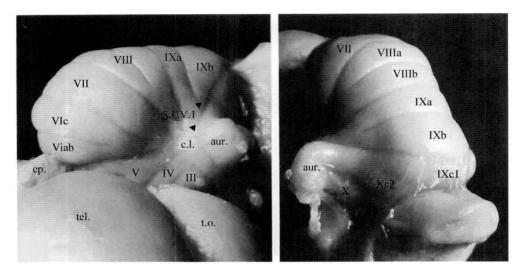

图 9-1　鸡小脑背内侧和尾部外侧

I-X初级脑叶(a,b,c次级脑叶；1,2三级脑叶)；eP.脑上体；tel.；aur.外耳；c.l.皮质侧束；s.uv.1原发性悬雍垂沟

[来源：H.K.P. Feirabend. et.al,. Myeloarchitecture of the Cerebellum of the Chicken (Gallus domesticus): An Atlas of the Compartmental Subdivision of the Cerebellar White Matter. The Journal of Comparative Neurology 251:44-66 (1986)]

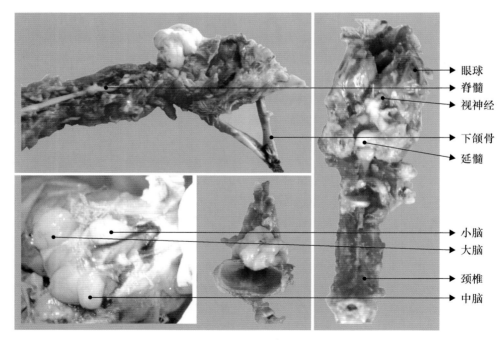

图 9-2　脑

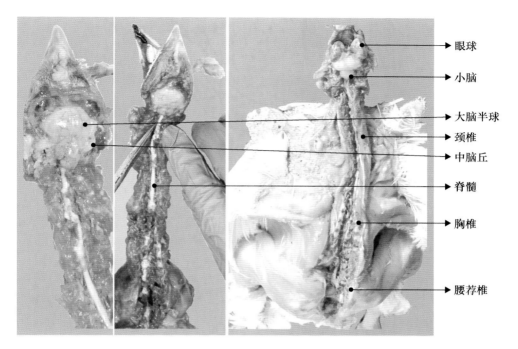

眼球
小脑
大脑半球
颈椎
中脑丘
脊髓
胸椎
腰荐椎

图 9-3　神经系统

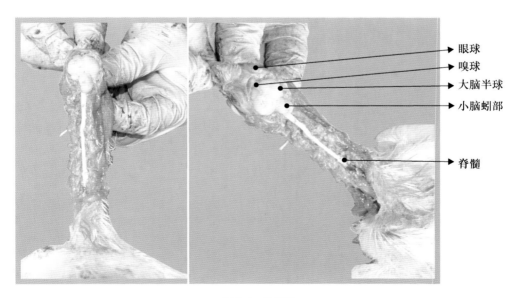

眼球
嗅球
大脑半球
小脑蚓部
脊髓

图 9-4　脑背侧

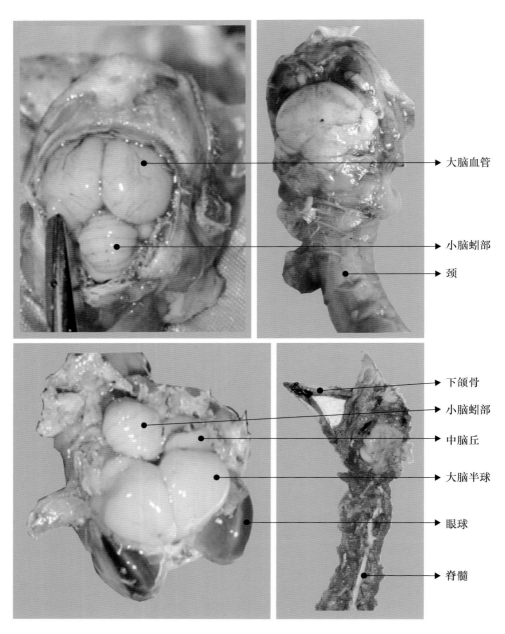

大脑血管

小脑蚓部

颈

下颌骨

小脑蚓部

中脑丘

大脑半球

眼球

脊髓

图 9-5　脑背部

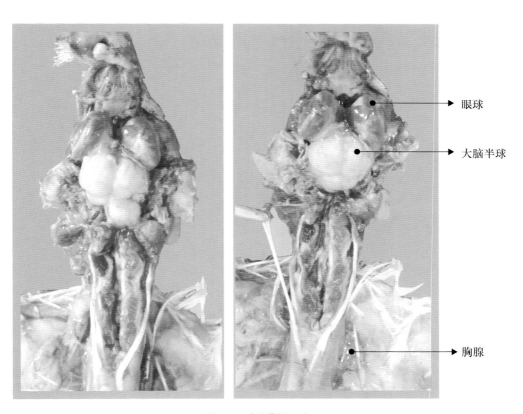

眼球

大脑半球

胸腺

图 9-6　鸡脑背侧（1）

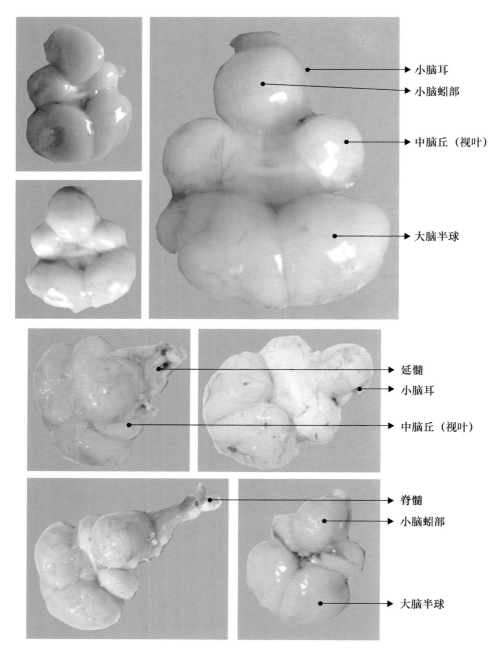

图 9-7　鸡脑背侧（2）

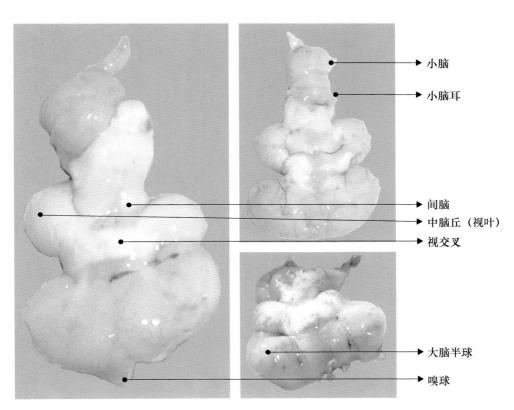

图 9-8　鸡脑腹侧

小脑

小脑耳

间脑

中脑丘（视叶）

视交叉

大脑半球

嗅球

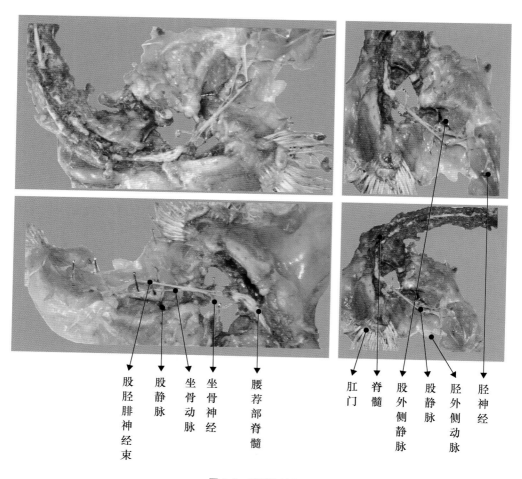

股胫腓神经束　股静脉　坐骨动脉　坐骨神经　腰荐部脊髓

肛门　脊髓　股外侧静脉　股静脉　胫外侧动脉　胫神经

图 9-9　脊髓与神经

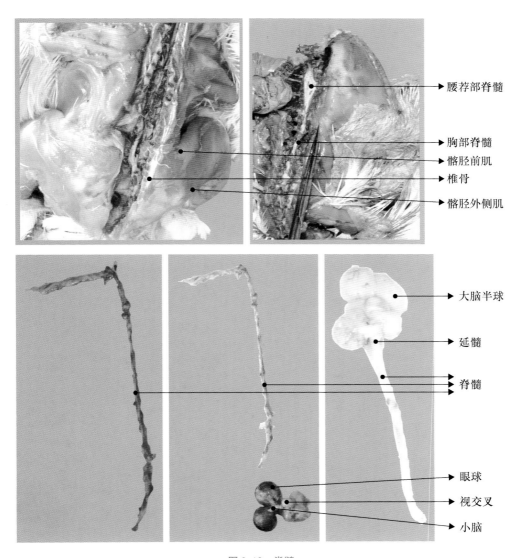

腰荐部脊髓

胸部脊髓
髂胫前肌
椎骨
髂胫外侧肌

大脑半球

延髓

脊髓

眼球
视交叉
小脑

图 9-10　脊髓

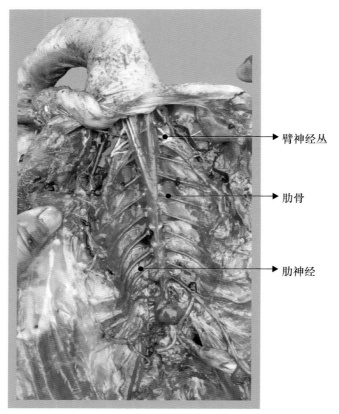

→ 臂神经丛

→ 肋骨

→ 肋神经

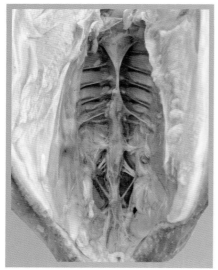

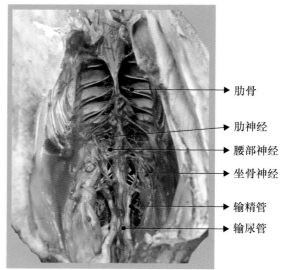

→ 肋骨

→ 肋神经

→ 腰部神经

→ 坐骨神经

→ 输精管

→ 输尿管

图 9-11　肋神经

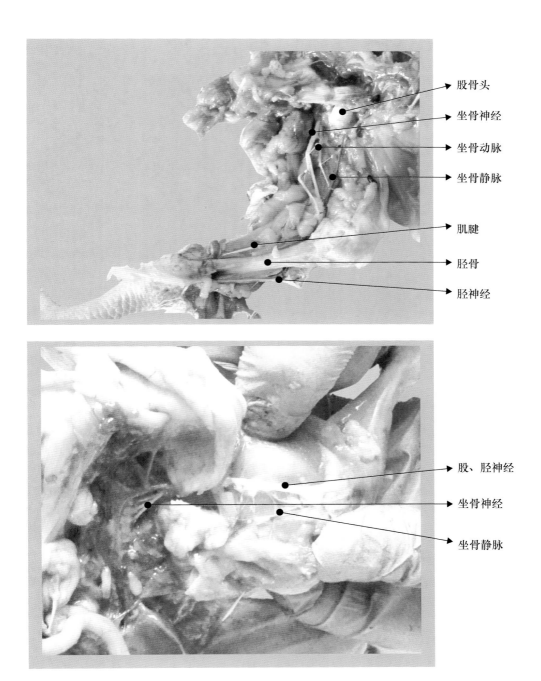

股骨头
坐骨神经
坐骨动脉
坐骨静脉
肌腱
胫骨
胫神经
股、胫神经
坐骨神经
坐骨静脉

图 9-12　腿部神经

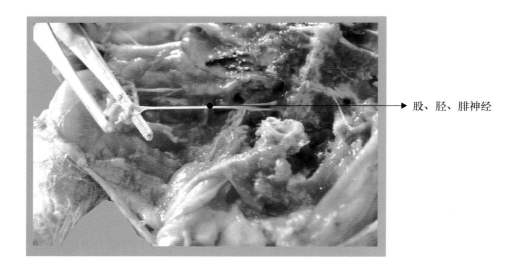

股、胫、腓神经

股、胫、腓神经

图 9-13　坐骨神经（1）

坐骨神经丛

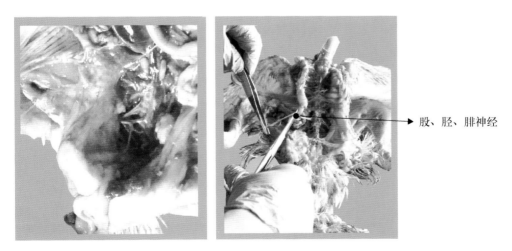

股、胫、腓神经

图 9-14　坐骨神经（2）

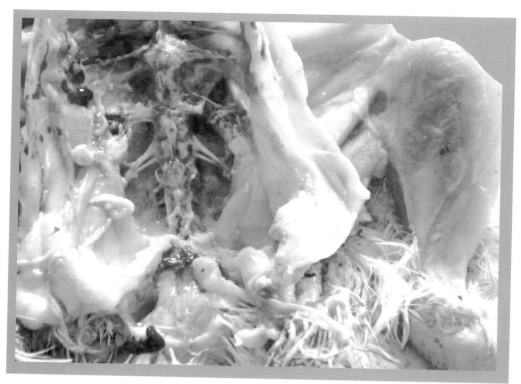

图 9-15 坐骨神经（3）

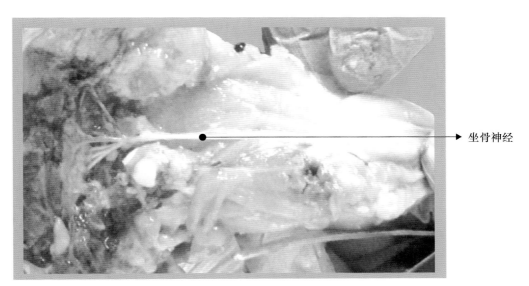

坐骨神经

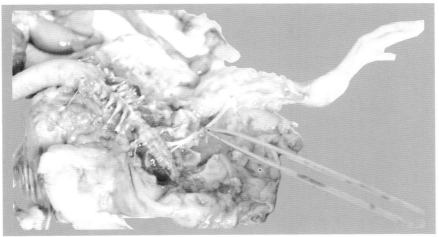

图 9-16　坐骨神经（4）

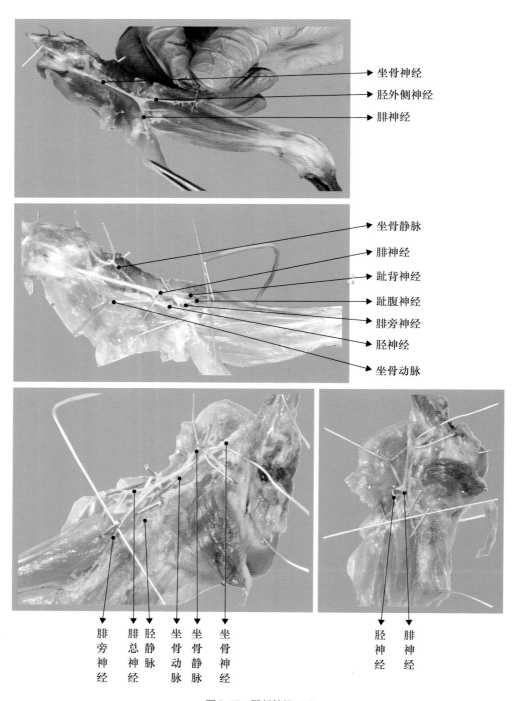

坐骨神经

胫外侧神经

腓神经

坐骨静脉

腓神经

趾背神经

趾腹神经

腓旁神经

胫神经

坐骨动脉

腓旁神经　腓总神经　胫静脉　坐骨动脉　坐骨静脉　坐骨神经

胫神经　腓神经

图 9-17　腿部神经（1）

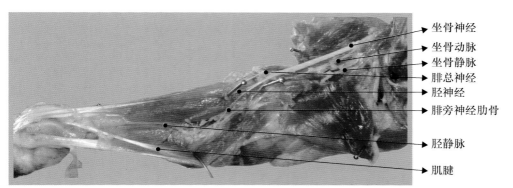

坐骨神经
坐骨动脉
坐骨静脉
腓总神经
胫神经
腓旁神经肋骨

胫静脉

肌腱

图 9-18　腿部神经（2）

第十章 淋巴系统

一、淋巴管

鸡体内淋巴管较少，大多伴随血管而行；淋巴管的瓣膜也较少。禽有1对胸导管，沿主动脉两侧向前行，最后注入两前腔静脉。鸡组织内毛细淋巴管逐渐汇合成较大的淋巴管，再由淋巴管汇合成胸导管。

二、淋巴组织

广泛分布于鸡体的器官内，如许多实质性器官、消化道壁以及神经干、脉管壁内。有的为弥散性，有的呈小结状；有的为孤立淋巴小结，有的为集合淋巴小结，后者如盲肠扁桃体、食管扁桃体等。

淋巴组织形成的淋巴器官有胸腺、泄殖腔囊、脾和淋巴结。

（1）胸腺 位于颈部气管两侧的皮下，沿颈静脉直到胸腔入口的甲状腺处；鸡每侧一般有7叶；分叶状，淡黄或带红色。性成熟后开始退化。成鸡常保留一些遗迹。

（2）法氏囊 又叫腔上囊，是鸡类特有的淋巴器官；鸡的呈圆球形，位于泄殖腔背侧，开口于泄殖道。黏膜形成纵褶，内有排列紧密的大量淋巴小结。在鸡孵出时囊已存在，性成熟前达到最大（3～5月龄），性成熟后开始退化，鸡10月龄时退化消失。

（3）脾 位于腺胃与肌胃交界处的右腹侧；球形，褐红色或棕红色。外包薄的被膜；脾实质的红髓与白髓分界不甚明显。

（4）淋巴结 鸡没有淋巴结。

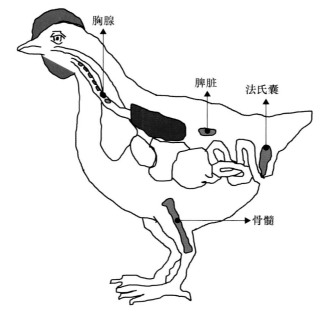

图 10-1　免疫器官模式图

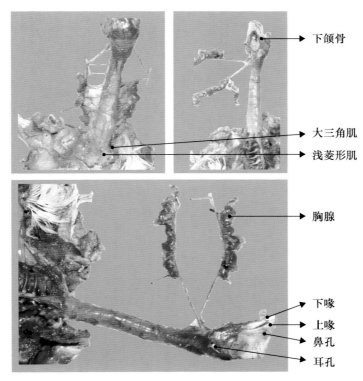

图 10-2　胸腺（1）

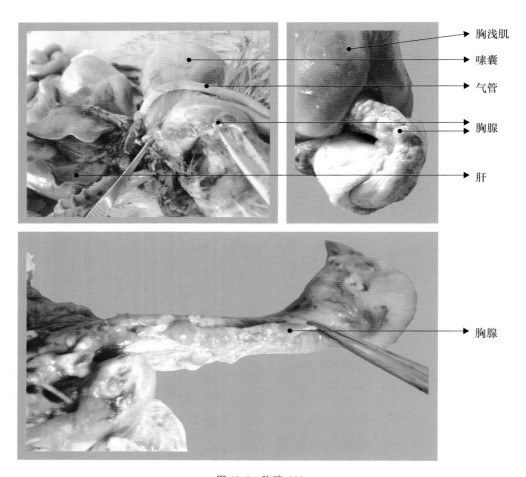

图 10-3　胸腺（2）

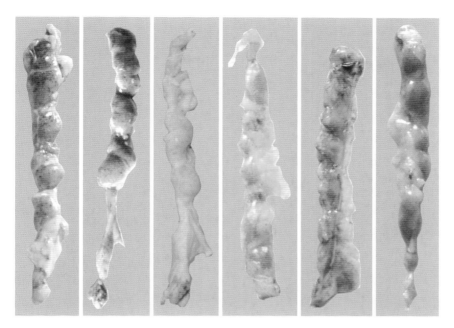

图 10-4　不同发育程度的胸腺

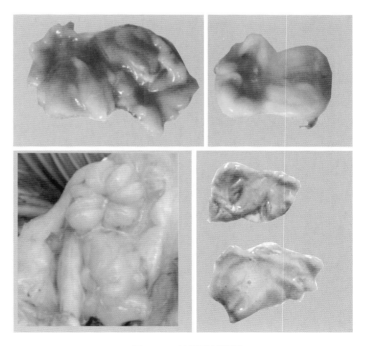

图 10-5　法氏囊剖开图

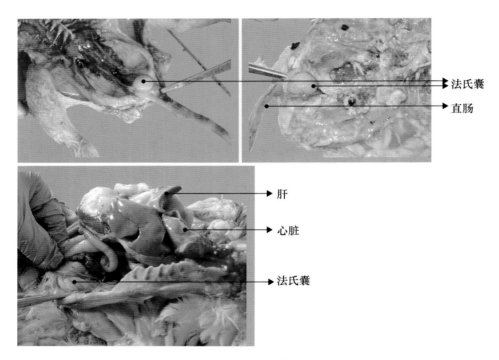

图 10-6　法氏囊

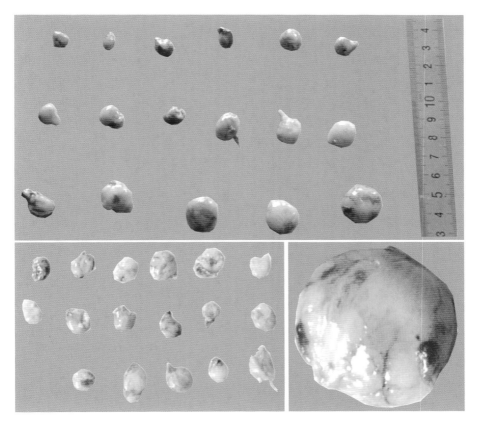

图 10-7　不同发育状态的法氏囊

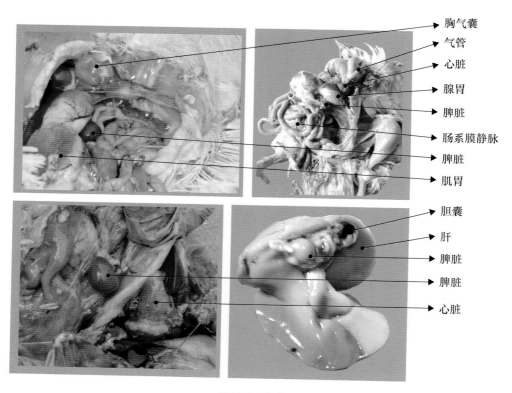

胸气囊

气管

心脏

腺胃

脾脏

肠系膜静脉

脾脏

肌胃

胆囊

肝

脾脏

脾脏

心脏

图 10-8　脾脏

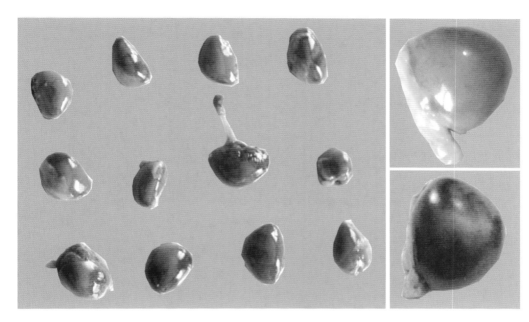

图 10-9　不同发育程度的脾脏

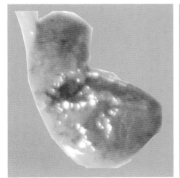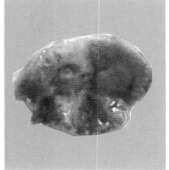

图 10-10　脾脏剖开图

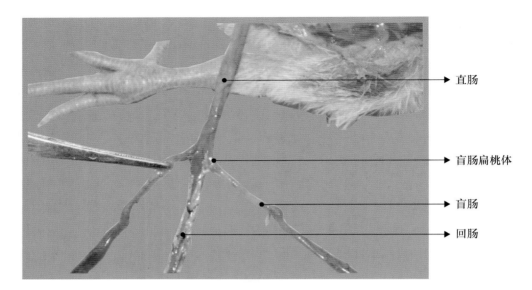

直肠

盲肠扁桃体

盲肠

回肠

图 10-11　盲肠扁桃体

第十一章　感觉器官

一、视器

　　眼球： 眼球较大。巩膜较坚硬，后部含有软骨板；前部有一圈小骨片形成巩膜骨环。角膜较凸，面积相对较小。虹膜内的瞳孔开大肌和括约肌均为横纹肌。睫状体的睫状肌也由横纹肌构成，它除调节晶状体外，还能调节角膜的曲度。视网膜较厚，在视神经入口处形成特殊的眼梳膜，含有丰富的血管，视网膜后部有梳状体，呈梭形，向玻璃体内伸入毛状突。下眼睑较大。晶状体的外周部形成晶状体环枕，与睫状体相连接。

　　辅助器官： 眼睑无腺体；下睑活动性较大。瞬膜发达，由两块小的横纹肌控制，有瞬膜肌附着于其下角，受外展神经支配。泪腺较小，位于下睑后部的内侧。瞬膜腺较发达，位于眼球的前腹侧，又称哈德氏腺，鸡为淡红至褐红色，位于眼球腹侧和内侧，分泌黏液样物质，有清洁和润湿角膜以及便利瞬膜活动的作用。

　　鸡眼球无退缩肌，只有两块斜肌和四块直肌，而且都不很发达。

二、位听器

　　鸡耳也包括外耳、中耳和内耳部分。外耳无耳廓，只有很短的外耳道；外耳门遮盖有小的耳羽。中耳只有1块听小骨，称耳柱骨；中耳腔有一些小孔，通颅骨内的气腔。内耳的3个半规管很发达；耳蜗是略弯的短管，不形成螺旋状。无耳廓。在后眼角之后有圆形耳孔，外有耳羽。中耳的耳骨为柱状，直接接前庭窗。内耳的耳蜗不呈螺旋状。

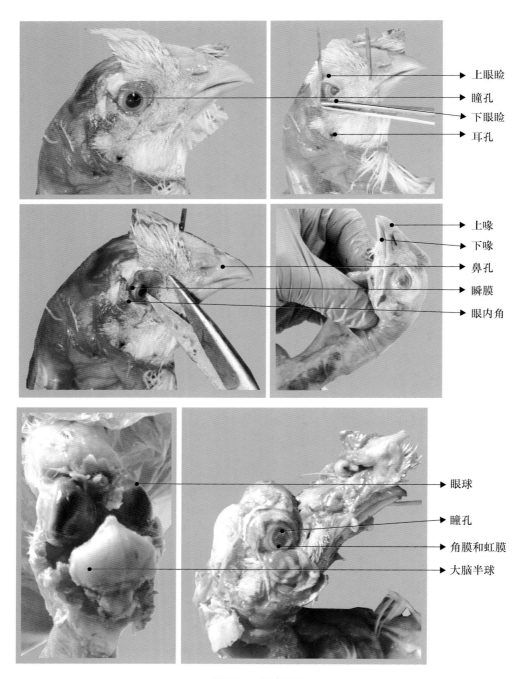

上眼睑
瞳孔
下眼睑
耳孔

上喙
下喙
鼻孔
瞬膜
眼内角

眼球
瞳孔
角膜和虹膜
大脑半球

图 11-1　眼球（1）

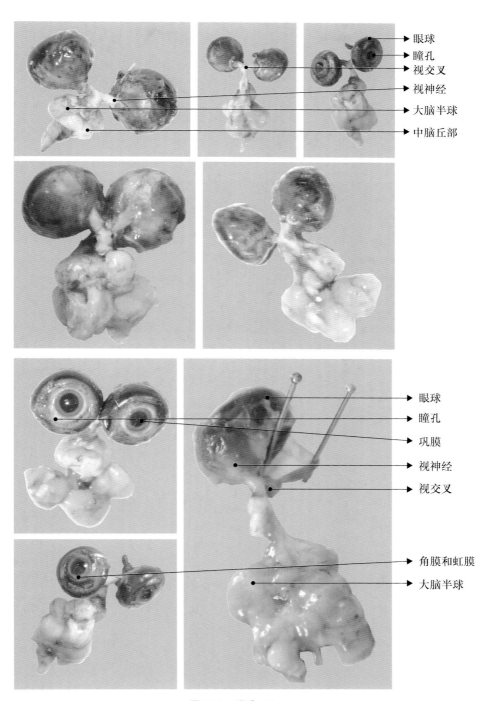

眼球
瞳孔
视交叉
视神经
大脑半球
中脑丘部

眼球
瞳孔
巩膜
视神经
视交叉

角膜和虹膜
大脑半球

图 11-2　眼球（2）

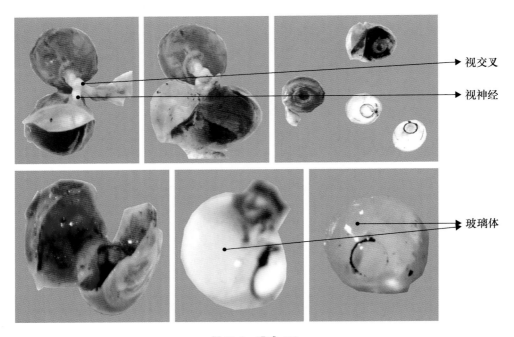

视交叉

视神经

玻璃体

图 11-3　眼球（3）

参考文献

1.陈耀星. 2005. 畜禽解剖学. 北京：中国农业大学出版社.

2.陈耀星. 2010. 畜禽解剖学 北京：中国农业出版社.

3.董常生. 2001. 家畜解剖学. 3版. 北京：中国农业出版社.

4.李健. 2014. 鸡解剖组织彩色图谱. 北京：化学工业出版社.

5.熊本海. 2014. 家禽实体解剖学图谱. 北京：中国农业出版社.

6.Ana Carretero, et al. 1997. Afferent Portal Venous System in the Mesonephros and Metanephros of Chick Embryos: Development and Degeneration. The Anatomical Record, 247:63-70.

7.Dominique G. Homberger And Ron A. Meyers. 1989. Morphology of the Lingual Apparatus of the Domestic Chicken, Gallus gallus, With Special Attention to the Structure of the Fasciae. The American Journal of Anatomy, 186:217-257.

8.E. Mark Levinsohn, et al. 1984. Arterial Anatomy of Chicken Embryo and Hatchling. The American Journal of Anatomy, 169:377-405.

9.H. K. P. Feirabend, et al. 1986. Myeloarchitecture of the Cerebellum of the Chicken (*Gallus domesticus*): An Atlas of the Compartmental Subdivision of the Cerebellar White Matter. The Journal of Comparative Neurology, 251:44-66.

10.Heather Paxton, Nicolas B. Anthony, Sandra A. 2010. Corr and John R. Hutchinson. The Effects of Selective Breeding on the Architectural Properties of the Pelvic Limb in Broiler Chickens: a Comparative Study Across Modern and Ancestral Populations. Journal of Anatomy, 217(2), 153-166.

11.J. N. Maina. 2002. Some Recent Advances on the Study and Understanding of the Functional Design of the Avian Lung: Morphological and Morphometric perspectives. Biol. Rev., 77, pp. 97-152.

12.Kawabe, S, et al. 2015. Ontogenetic Shape Change in the Chicken Brain: Implications for Paleontology. Plos One 10(6): e0129939.

13.Lamas, et al. 2014. Ontogenetic Scaling Patterns and Functional Anatomy of the

Pelvic Limb Musculature in Emus (*Dromaius novaehollandiae*). PeerJ, 2:e716.

14. Paxton, et al. 2014. Anatomical and Biomechanical Traits of Broiler Chickens Across Ontogeny. Part II. Body Segment Inertial Properties and Muscle Architecture of the Pelvic Limb. PeerJ, 2:e473.

15. Porter, W. R., & Witmer, L.M. 2016. Avian Cephalic Vascular Anatomy, Sites of Thermal Exchange, and the Rete Ophthalmicum. The Anatomical Record, n/a-n/a.

16. R. E. Burger. 1977. Pulmonary Circulation-Vertebral Venous Interconnections in the Chicken. The Anatomical Record, 188: 39-44.

17. Serkan Erdogan, et al. 2015. Functional Anatomy of the Syrinx of the Chukar Partridge (Galliformes: Alectoris chukar) as a Model for Phonation Research. The Anatomical Record, 298:602-617.

18. Shai Barbut. 2012. The Science of Poultry and meat Processing. the North American/Canadian Food Inspection Agency.

19. Shigeru Kuratani, et al. 2011. Evolutionary Developmental Perspective for the Origin of Turtles: the Folding Theory for the Shell Based on the Developmental Nature of the Carapacial Ridge. Evolution & Development, 13:1, 1-14.

20. The Poultry CRC's，http://poultryhub.org/AnatomyoftheChicken/

21. Tickle, et al. 2014. Anatomical and Biomechanical Traits of Broiler Chickens Across Ontogeny. Part I. Anatomy of the Musculoskeletal Respiratory Apparatus and Changes in Organ Size. PeerJ, 2:e432.

22. Vivian Allen. 2009. Variation in Center of Mass Estimates for Extant Sauropsids and its Importance for Reconstructing Inertial Properties of Extinct Archosaurs. The Anatomical Record, 292:1442-1461.